家常菜大全

邱克洪　主编

黑龙江科学技术出版社
HEILONGJIANG SCIENCE AND TECHNOLOGY PRESS

图书在版编目（CIP）数据

家常菜大全 / 邱克洪主编. -- 哈尔滨 : 黑龙江科学技术出版社, 2023.1
ISBN 978-7-5719-1567-4

Ⅰ. ①家… Ⅱ. ①邱… Ⅲ. ①家常菜肴—菜谱 Ⅳ. ①TS972.127

中国版本图书馆CIP数据核字(2022)第152174号

家常菜大全
JIACHANGCAI DAQUAN

作　　者　邱克洪
责任编辑　孙　雯
封面设计　深圳·弘艺文化 HONGYI CULTURE
出　　版　黑龙江科学技术出版社
地　　址　哈尔滨市南岗区公安街70-2号
邮　　编　150001
电　　话　（0451）53642106
传　　真　（0451）53642143
网　　址　www.lkcbs.cn
发　　行　全国新华书店
印　　刷　哈尔滨市石桥印务有限公司
开　　本　787 mm×1092 mm　1/16
印　　张　12.5
字　　数　250千字
版　　次　2023年1月第1版
印　　次　2023年1月第1次印刷
书　　号　ISBN 978-7-5719-1567-4
定　　价　39.80元

目录 CONTENTS

家畜类

PART 2

家禽类

PART 3

鲜味鱼类

PART 4

美味蛋类

PART 5

健康蔬菜

PART 6

各式汤羹

PART 7

原味蒸菜

PART 8

适口米面

PART 9

营养粥

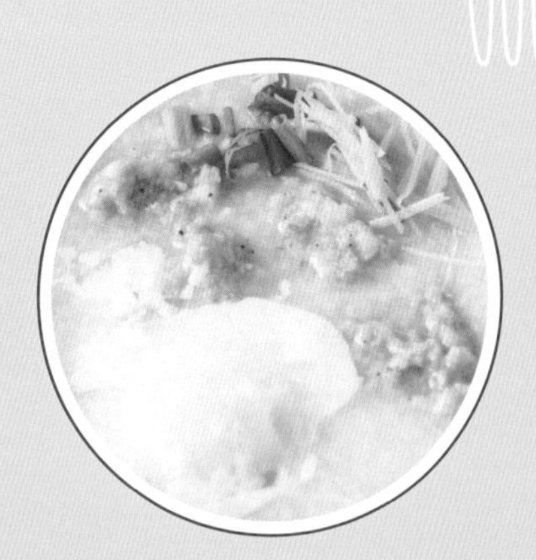

PART 10

爽口沙拉

PART 11

香糯点心

PART 12

诱人烘焙

PART 13

新鲜蔬果汁

PART 1

家畜类

紫砂农家酥肉

材料：猪瘦肉400克、淀粉40克、面粉30克、鸡蛋2个、水发木耳50克、水发黄花菜30克、姜末适量、蒜末适量

调料：料酒10毫升、胡椒粉5克、盐适量、食用油适量、鸡粉适量、高汤适量

做法

1 水发木耳切块；水发黄花菜去蒂。
2 猪瘦肉洗好切条，倒入料酒、胡椒粉、盐拌匀，腌渍20分钟。
3 鸡蛋打入碗中，打散，再倒入面粉和淀粉，调成面糊。
4 将面糊倒进腌好的肉里，搅拌均匀。
5 热锅注油，烧至七成热，放入肉条，炸到定型后不停翻动，小火慢炸直到色泽金黄。
6 捞出炸好的肉条，沥干油，待用。
7 锅底留油，放入姜末、蒜末，爆香。
8 倒入炸好的酥肉，翻炒匀，倒入木耳、黄花菜，翻炒匀，注入高汤，煮沸。
9 加入盐、鸡粉，拌匀调味，续煮至食材入味。
10 关火后将煮好的酥肉盛入砂煲中即可。

石锅板栗红烧肉

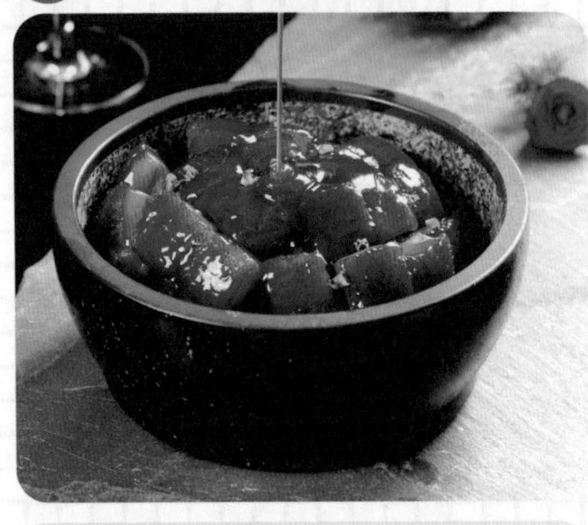

材料：带皮五花肉200克、板栗100克、八角适量、生姜适量、葱花适量、大蒜适量

调料：白糖20克、食用油适量、料酒5毫升、老抽5毫升

做法

1 将洗好的五花肉切成方块。
2 热锅注油，烧至四成热，倒入已去壳洗好的板栗，炸约2分钟至熟，捞出，沥干油。
3 锅留底油，加入白糖，炒至白糖溶化。
4 倒入猪肉，炒至出油。
5 倒入洗好的八角、生姜、大蒜，淋入料酒、老抽，快速炒匀。
6 倒入板栗，加入适量清水，加盖焖煮20分钟。
7 揭盖，倒入葱花，翻炒均匀，盛入石锅中即可。

养生板栗红烧肉

材料： 带皮五花肉 200 克、板栗 100 克、八角适量、生姜适量、大蒜适量

调料： 食用油适量、料酒 5 毫升、老抽 5 毫升、白糖适量

做法

1 将洗好的五花肉切成方块。
2 热锅注油，烧至四成热，倒入已去壳洗好的板栗，炸 2 分钟至熟，捞出，沥干油，待用。
3 锅留底油，放入白糖，炒至白糖溶化。
4 倒入猪肉煸炒至出油。
5 倒入洗好的八角、生姜、大蒜，淋入料酒、老抽，快速拌炒匀。
6 倒入板栗，加入适量清水，加盖焖煮 30 分钟至入味。
7 将焖好的食材盛入碗中即可。

番茄肉末

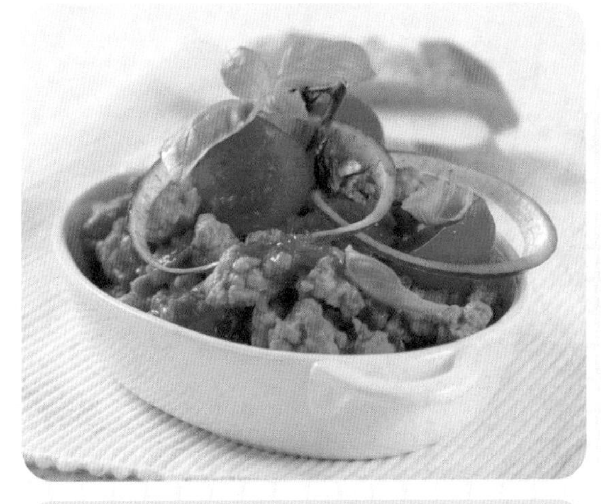

材料： 肉末 100 克、番茄 80 克

调料： 盐 3 克、鸡粉 3 克、料酒 10 毫升、水淀粉适量、食用油适量、生抽适量

做法

1 洗净的番茄切小瓣，再切成丁。
2 用油起锅，倒入肉末，翻炒匀。
3 淋入料酒，炒香、炒透。
4 倒入生抽，加入盐、鸡粉，炒匀调味。
5 放入切好的番茄，翻炒匀，倒入水淀粉勾芡，炒制成酱料。
6 将炒好的食材盛入碗中即可。

巴蜀猪手

材料： 猪蹄2个、葱花适量、干辣椒适量、陈皮少许

调料： 盐5克、酱油6毫升、料酒6毫升、醋少许、冰糖3克、食用油适量、花椒适量

做法

1 将猪蹄分成6块，去毛后泡洗净，用水焯10分钟，捞出。

2 凉油下锅，放入冰糖，小火慢炒，炒到冒密集小泡后，放入猪蹄，来回翻炒。

3 下入花椒、干辣椒、陈皮，炒出香味。

4 加酱油、料酒、醋，加水没过猪蹄，大火烧开，小火慢炖。

5 快收干水分的时候，开大火，加盐微炖，关火，放上葱花即可。

灵芝爆炒猪腰

材料： 猪腰300克、灵芝少许、姜片少许、葱条少许

调料： 盐2克、鸡粉2克、料酒适量、白糖2克、生抽5毫升、水淀粉适量、食用油适量

做法

1 洗好的猪腰切开，去除筋膜，切上花刀，改切成小块。

2 洗净的葱条切段。

3 锅中注入适量清水烧开，倒入猪腰，加入少许料酒，拌匀，煮约半分钟。

4 捞出猪腰，沥干水分，待用。

5 用油起锅，倒入灵芝、姜片，炒匀。

6 放入猪腰、葱条，炒香。

7 加入料酒、白糖、盐、鸡粉。

8 淋入生抽、水淀粉，用大火炒至食材入味，即可。

青椒炒猪血

材料：青椒 80 克、猪血 300 克、姜末适量、蒜末适量

调料：盐适量、鸡粉 3 克、辣椒酱 5 克、食用油适量、水淀粉适量

做法

1 青椒切块；猪血切成小方块。
2 锅中加 600 毫升清水烧开，加入少许盐。
3 往猪血中倒入烧开的热水，浸泡 4 分钟。
4 将浸泡好的猪血捞出，装入另一个碗中，加入盐，拌匀。
5 用油起锅，倒入姜末、蒜末炒香。
6 注入少许清水，加辣椒酱、盐、鸡粉炒匀。
7 倒入猪血，煮 2 分钟至熟。
8 倒入青椒，炒至断生。
9 淋入水淀粉勾芡即可。

古法红烧肉

材料：带皮五花肉 300 克、板栗 50 克、八角适量、生姜适量、大蒜适量

调料：白糖 20 克、食用油适量、料酒 5 毫升、老抽 5 毫升

做法

1 将洗好的带皮五花肉切成块。
2 热锅注油，烧至四成热，倒入已去壳洗好的板栗，炸约 2 分钟至熟，捞出。
3 锅留底油，倒入白糖，小火炒至融化呈微黄色。
4 倒入五花肉，炒至出油。
5 倒入洗好的八角、生姜、大蒜，加料酒、老抽，快速拌炒匀。
6 倒入板栗，加入适量清水，加盖焖煮 30 分钟至入味。
7 揭盖，将食材翻炒均匀，盛入碗中，码放整齐即可。

红烧肉

材料：带皮五花肉 300 克、八角 5 颗、香叶 3 片、草果 3 颗、干辣椒 10 克、带皮姜块适量、葱白适量

调料：盐 4 克、食用油适量、料酒 10 毫升、老抽 10 毫升、生抽 10 毫升、冰糖 10 克

做法

1 带皮五花肉洗净后，放入料酒，腌渍 1 小时，捞出来沥干水分。
2 带皮姜块切成片；洗净的葱白切成段；干辣椒切成小段，待用。
3 沥干水分的五花肉切成大小均匀的块状，待用。
4 用油起锅，放入五花肉块，煸炒到微黄。
5 放入八角、香叶、草果，炒出香味。
6 放入姜片、干辣椒段、葱白段，翻炒均匀。
7 放入老抽、生抽炒匀，再倒入适量清水、盐，翻炒至入味，放入冰糖，盖上锅盖，小火煨煮 30 分钟。
8 待五花肉煨到酥烂，大火收汁均匀裹在肉上。
9 将烹制好的菜肴盛至备好的碗中即可。

人参当归煲猪腰

材料：猪腰 200 克、人参 5 克、当归 5 克、姜片少许

调料：料酒 12 毫升

做法

1 处理好的猪腰用平刀切开，除去白色筋膜，再切成小片，备用。
2 砂锅中注入适量清水，用大火烧热。
3 倒入备好的当归、人参、姜片。
4 倒入猪腰，淋入料酒，搅拌均匀。
5 盖上锅盖，用中火煮约 20 分钟至食材熟透。
6 揭开锅盖，搅拌片刻，将煮好的汤料盛入碗中即可。

菠萝咕咾肉

材料：五花肉 150 克、菠萝肉 80、鸡蛋 1 个、西兰花 30 克、葱白适量

调料：盐适量、白糖适量、生粉 5 克、番茄酱 5 克、食用油适量

做法

1 菠萝肉切成块。
2 洗净的五花肉切成块。
3 鸡蛋去蛋清，取蛋黄，盛入碗中。
4 锅中加约 500 毫升清水烧开，倒入五花肉，汆至转色即可捞出。
5 五花肉加白糖拌匀，加盐，倒入蛋黄，搅拌均匀，再加生粉裹匀，分块夹出装盘。
6 热锅注油，烧至六成热，放入五花肉，翻动几下，炸至金黄色，捞出沥干油。
7 用油起锅，倒入葱白爆香，倒入切好的菠萝肉炒匀。
8 加入白糖炒至溶化，倒入炸好的五花肉炒匀。
9 加入番茄酱炒匀。
10 关火后，将食材盛入盘中，可放上西兰花点缀。

湖南肉炒肉

材料：五花肉 300 克、酸豆角 100 克、芹菜梗 50 克、青尖椒 20 克、小米椒 20 克、葱段适量、姜片适量、蒜末适量

调料：盐 3 克、鸡粉 3 克、老抽 4 毫升、水淀粉少许、食用油适量、料酒适量

做法

1 洗净的青尖椒、小米椒切成段。
2 五花肉切成片；酸豆角切段；芹菜梗切段。
3 热锅注油，倒入五花肉，炒至出油。
4 加入老抽、料酒，炒香。
5 倒姜片、蒜末、葱段，炒约 1 分钟。
6 倒入酸豆角、青尖椒、小米椒，翻炒至食材断生。
7 加入盐、鸡粉，炒匀调味。
8 淋入水淀粉收汁。
9 关火后，将炒好的食材盛入盘中即可。

华天红烧肉

材料：带皮五花肉 500 克、土豆 500 克、葱花少许

调料：盐适量、鸡精 3 克、白糖 20 克、番茄酱 50 克、生抽 15 毫升、料酒 15 毫升、食用油适量

做法

1 土豆洗净去皮，切块；带皮五花肉洗净切方块。
2 土豆装碗，加盐，拌匀，放入烧开的蒸锅中，大火蒸 10 分钟。
3 起油锅，倒入白糖，小火炒至融化呈微黄色。
4 倒入五花肉，翻炒匀。
5 淋入料酒炒香，加入番茄酱、生抽、盐、鸡精炒匀，加适量清水煮开，盖盖用小火焖 45 分钟。
6 大火收汁，把五花肉盛出，码放在蒸熟的土豆上，撒上葱花即可。

五味子炖猪肝

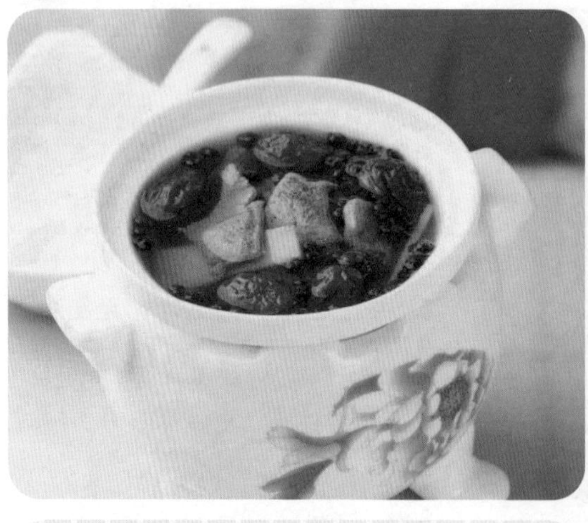

材料：猪肝 200 克、大枣 20 克、五味子 10 克、姜片 20 克

调料：盐 2 克、鸡粉 2 克、生抽 4 毫升、料酒 10 毫升

做法

1 处理好的猪肝切成片。
2 锅中注入适量清水烧开，倒入猪肝片，搅散，煮沸，氽去血水。
3 捞出氽煮好的猪肝，沥干水分。
4 将猪肝装入炖盅里，备用。
5 锅中倒入适量清水烧开，放入姜片、五味子、大枣。
6 淋入料酒，加入盐、鸡粉、生抽，搅拌均匀，煮沸。
7 将煮好的汤料盛入炖盅里，把炖盅放入蒸锅中。
8 盖上盖，用中火炖 1 小时，至食材熟透即可。

农家小炒肉

材料：猪肉 300 克、青椒 100 克、姜末适量、蒜片适量

调料：盐 3 克、鸡粉 3 克、老抽 4 毫升、豆瓣酱 5 克、水淀粉少许、食用油适量、料酒适量

做法

1 猪肉切成片；青椒斜切块。
2 热锅注油，倒入猪肉片，炒约 1 分钟至出油。
3 加入老抽、料酒，炒香。
4 倒入姜末、蒜片炒香。
5 加入适量豆瓣酱，翻炒匀。
6 倒入青椒，翻炒至断生。
7 加入盐、鸡粉，炒匀调味。
8 淋入水淀粉收汁。
9 关火后将炒好的食材盛入盘中即可。

生姜蒸猪心

材料：猪心 200 克、红椒 10 克、葱段适量、姜片适量

调料：酱油 3 毫升、白糖 2 克、料酒 4 毫升、淀粉适量、食用油适量

做法

1 将猪心清洗干净，洗净血水，切成薄片。
2 将红椒洗净，切成圈。
3 将猪心片装进碟子里，放入红椒圈、葱段、姜片，加上淀粉、酱油、食用油、白糖、料酒，用手抓匀，静置 30 分钟，腌渍入味。
4 将腌渍好的猪心放进电饭锅里，隔水蒸 8 分钟即可。

毛氏红烧肉

材料：带皮五花肉 300 克、小米椒 2 根、去皮大蒜瓣若干、八角适量、桂皮适量、草果适量、姜片适量

调料：白糖 20 克、盐 3 克、鸡粉 3 克、料酒 8 毫升、老抽 8 毫升、豆瓣酱 10 克、白酒少许

做法

1 锅中注水，放入洗净的带皮五花肉，盖上盖，大火煮 5 分钟，去除血水。

2 揭盖，捞出五花肉，切成 3 厘米的方块，修平整。

3 炒锅注油烧热，加入白糖，炒至溶化。

4 倒入八角、桂皮、草果、姜片爆香，再倒入大蒜瓣，炒匀。

5 放入五花肉块，炒片刻，淋入料酒，倒入豆瓣酱炒匀，加盐、鸡粉、老抽炒匀调味。

6 淋入白酒，盖上盖，小火焖 40 分钟至熟软。

7 揭盖，转大火收汁，切片小米椒摆好即可。

湖南小炒肉

材料：五花肉 300 克、青椒 100 克、姜片适量、蒜末适量

调料：盐 3 克、鸡粉 3 克、老抽 4 毫升、料酒 4 毫升、豆瓣酱 5 克、水淀粉适量、食用油适量

做法

1 五花肉切块；青椒斜切块。

2 热锅注油，倒入五花肉，炒至出油。

3 加入老抽、料酒，炒香。

4 倒入姜片、蒜末炒香，加入豆瓣酱，翻炒匀。

5 倒入青椒，炒至断生。

6 加入盐、鸡粉，炒匀调味。

7 淋入水淀粉收汁。

8 关火后，将炒好的食材盛入盘中即可。

农家酥肉

材料：猪瘦肉 400 克、淀粉 40 克、面粉 30 克、鸡蛋 3 个、姜丝适量、蒜末适量、葱段适量

调料：鸡粉适量、胡椒粉 5 克、料酒 10 毫升、盐适量、食用油适量

做法

1 猪瘦肉洗好切条，倒入料酒、胡椒粉、盐拌匀，腌渍 20 分钟。
2 取 2 个鸡蛋，打入碗中，打散，再倒入面粉和淀粉，调成面糊。
3 将面糊倒进腌好的肉里搅拌均匀。
4 另取一碗，打入 1 个鸡蛋，打散，放入盐，拌匀，待用。
5 热锅注油，烧至七成热，放入肉条，炸到定型后不停翻动，小火慢炸至色泽金黄。捞出沥干油，待用。
6 锅底留油，倒入蛋液，摊成蛋皮，盛出，放凉后切成丝。
7 另起锅，食用油烧热，放入姜丝、蒜末，爆香。倒入炸好的酥肉，翻炒，注入适量清水，煮沸。加入盐、鸡粉，放蛋皮丝，下葱段，搅拌匀。
8 关火后将食材盛入碗中即可。

火爆猪肝

材料：猪肝 130 克、水发木耳 80 克、红椒 40 克、青椒 20 克、野山椒 20 克、蒜片适量

调料：盐适量、生抽适量、料酒 5 毫升、水淀粉适量、食用油适量、鸡粉适量

做法

1 取一碗清水，放入洗过的猪肝，浸泡 1 小时至去除血水。
2 洗净的红椒、青椒切开，去籽，切粗条，切块；野山椒切成段。
3 取出泡好的猪肝，切薄片。
4 取一个碗，倒入切好的猪肝，加入盐、生抽、料酒、再淋入水淀粉，拌匀，腌渍 15 分钟至入味。
5 热锅注油，倒入蒜片、红椒、青椒、野山椒，炒香。
6 倒入猪肝，炒至熟软，倒入木耳，快速翻炒至熟。
7 加入盐、鸡粉、生抽炒匀调味。
8 关火后将炒好的食材盛入盘中即可。

功夫回锅肉

材料：带皮五花肉 300 克、土豆 100 克、蒜苗 50 克、红椒 70 克、姜片适量、葱段适量、花椒 10 克、姜末适量、蒜末适量

调料：料酒适量，盐、鸡粉、白糖各 3 克，红油 10 毫升，生抽 5 毫升，豆瓣酱 5 克，豆豉 10 克，食用油适量

做法

1 蒜苗切成段；土豆去皮，切成片；红椒切成菱形块，待用。
2 热锅注水煮沸，放入少许姜片、葱段、花椒、料酒、盐，放入带皮五花肉，煮 15 分钟至断生。
3 将煮好的五花肉捞出，切成薄片，淋入少许生抽，用手抓匀，使肉更入味。
4 热锅注油烧至六成热，放入五花肉，炸 4 分钟至表面金黄，捞出沥干油。
5 锅底留油，倒入姜末、蒜末、少许豆瓣酱、豆豉、白糖，炒出香味。
6 放入炸好的五花肉片，反复翻炒均匀。
7 倒入土豆，再倒入少许料酒、生抽、红椒、蒜苗、葱段、鸡粉、红油，爆炒出香味。盛至备好的盘中即可。

香干小炒肉

材料：猪肉 200 克、香干 100 克、青椒 80 克、红椒 70 克、蒜苗适量、蒜末适量

调料：盐 3 克、鸡粉 3 克、食用油适量、生抽适量

做法

1 猪肉切成片；香干切片。
2 青椒、红椒切圈。
3 热锅注油，倒入蒜末爆香。
4 倒入猪肉炒至转色，倒入青椒、红椒翻炒至断生。
5 倒入香干炒匀。
6 加入盐、鸡粉、生抽，炒匀调味。
7 倒入蒜苗翻炒匀，将炒好的食材盛入盘中即可。

香焖牛肉

材料：牛肉块 200 克、八角 3 个、草果 3 个、姜片适量、大蒜适量

调料：盐 3 克、生抽 5 毫升、黄豆酱 5 克、水淀粉适量

做法

1 热锅注油烧热，倒入大蒜、姜片、八角、草果炒香。
2 淋入生抽，翻炒均匀。
3 倒入黄豆酱，翻炒上色。
4 倒入切好的牛肉，注入少许清水，炒匀，加入盐，快速炒匀调味，盖上锅盖，煮开后转小火焖 20 分钟至熟软。
5 揭盖，淋入水淀粉，翻炒片刻收汁。
6 将炒好的牛肉盛入碗中即可。

番茄金针菇肥牛

材料：肥牛卷 200 克、金针菇 150 克、番茄半个、洋葱半个、葱段适量、姜片适量、蒜片适量、干辣椒适量

调料：盐适量、生抽适量、料酒适量、白糖适量、蒜蓉辣酱 15 克

做法

1 金针菇洗净后撕成小束；番茄切成块；洋葱切成丝。
2 锅中注油烧热，放葱段、蒜片爆香，加入肥牛卷、料酒、生抽翻炒至肥牛卷变白，盛出备用。
3 锅底留油烧热，放洋葱、干辣椒、姜片，淋入少许生抽，倒入蒜蓉辣酱，炒香。
4 倒入番茄、金针菇，再加清水没过食材，煮 5 分钟。
5 加入白糖、盐，拌匀，放入肥牛卷，继续煮 5 分钟即可。

韭香椒汁肥牛

材料：肥牛卷 300 克、韭菜 80 克、小米椒少许

调料：盐 2 克、鸡粉 2 克、料酒 10 毫升、高汤适量、食用油适量

做法

1 洗净的小米椒切圈；洗净的韭菜切碎待用。
2 锅中加清水烧开，倒入肥牛卷拌匀，煮沸后捞出，沥干水，待用。
3 起油锅，倒入肥牛卷，加入料酒炒香。
4 倒入高汤，煮沸。
5 倒入韭菜，撒小米椒圈，加盐、鸡粉拌匀调味。
6 关火后将煮好的食材盛出装碗即可。

干锅带皮牛肉

材料：带皮牛肉 300 克、芹菜 50 克、青椒 50 克、红椒 80 克、洋葱 80 克、姜片 20 克

调料：盐 4 克、辣椒油 20 毫升、料酒 20 毫升、生抽 15 毫升、老抽 5 毫升、食用油适量

做法

1 牛肉洗净切片；芹菜洗净切段；红椒洗净切圈，洋葱切小块。
2 牛肉片中加盐、料酒，拌匀，腌渍 20 分钟。
3 起油锅，放入姜片、牛肉片炒匀，炒至转色。
4 淋入辣椒油、生抽、老抽，炒匀。
5 加适量清水炒匀，小火焖 10 分钟。
6 加入芹菜、红椒、洋葱，快速翻炒匀。
7 盛出炒好的菜肴，装入干锅里即可。

小炒黄牛肉

材料：黄牛肉 150 克、红椒 50 克、香菜 30 克、姜丝适量、蒜末适量

调料：盐 3 克、鸡粉 3 克、生抽 5 毫升、食用油适量

做法

1 黄牛肉切块；红椒切圈；香菜切段。
2 热锅注油，倒入蒜末、姜丝爆香，倒入黄牛肉炒至转色。
3 倒入红椒炒至断生。
4 加入盐、鸡粉、生抽炒匀调味。
5 倒入香菜段，快速翻炒匀。
6 关火后将炒好的食材盛入盘中即可。

杏鲍菇煎牛肉粒

材料：杏鲍菇 200、牛肉 150 克、青椒 30 克、红椒 30 克、姜片适量、葱段适量、洋葱适量、蒜苗段适量

调料：料酒适量、生抽 5 毫升、盐适量、鸡粉适量、黑胡椒粉 4 克、白糖 2 克、水淀粉适量、蚝油适量、食用油适量

做法

1 洗净的杏鲍菇拦腰切开，切条，改切成丁。
2 洗净的青椒、红椒对半切开，去籽，切条，改切成小块。
3 洋葱切成小块。
4 洗净的牛肉切片，切成条，改切成粒。
5 往牛肉中加入适量盐、鸡粉、料酒，撒上黑胡椒粉，加入适量水淀粉，拌匀，腌渍 10 分钟。
6 起锅注适量油烧热，倒入杏鲍菇丁，再淋上蚝油，炒干水分。
7 倒入姜片、牛肉、青椒、红椒、洋葱，快速翻炒匀。
8 淋入料酒、生抽，注入适量清水，加入盐、鸡粉、白糖，炒匀。
9 倒入蒜苗段，炒匀，淋入水淀粉勾芡。
10 将炒好的食材盛入盘中即可。

乱刀牛肉

材料：红椒100克、牛肉200克、姜末适量、蒜末适量、香菜梗适量

调料：生抽5毫升、老抽5毫升、蚝油5克、料酒5毫升、盐适量、鸡粉适量、水淀粉适量、食用油适量

做法

1 将洗净的红椒切成圈，洗净的香菜梗切长段。
2 洗好的牛肉切开，再改切成肉片。
3 将牛肉片装在碗中，淋上生抽，再放入少许盐、鸡粉，淋入少许水淀粉，拌匀，注入少许食用油，腌渍10分钟至入味。
4 用油起锅，下入腌渍好的牛肉片，翻炒至肉片松散。
5 放入姜末、蒜末，再淋入料酒，炒匀、炒香。
6 淋入老抽，放入蚝油，翻炒片刻，至牛肉上色。
7 倒入红椒，炒至断生，放入香菜梗，炒匀。
8 加入盐、鸡粉，炒匀调味。
9 将炒好的食材盛入盘中即可。

海带牛肉汤

材料：牛肉150克、水发海带丝100克、姜片少许、葱段少许

调料：鸡粉2克、胡椒粉1克、生抽4毫升、料酒6毫升

做法

1 将洗净的牛肉切条形，再切丁，备用。
2 锅中注入适量清水烧开，倒入牛肉丁，搅匀，淋入少许料酒，拌匀，汆去血水。
3 再捞出牛肉，沥干水分，待用。
4 高压锅中注入适量清水烧热，倒入汆过水的牛肉丁。
5 撒上备好的姜片、葱段，淋入剩余料酒，盖好盖，拧紧，用中火煮约30分钟，至食材熟透。
6 拧开盖子，倒入水发海带丝，转大火略煮一会儿。
7 加入少许生抽、鸡粉，撒上胡椒粉，拌匀调味。
8 关火后盛出煮好的汤料，装入碗中即可。

双椒牛柳

材料：青椒 60 克、红椒 80 克、洋葱 60 克、牛肉 100 克、蒜末适量

调料：盐 3 克、鸡粉 3 克、生抽 5 毫升、食用油适量、水淀粉少许

做法

1 青椒、红椒去籽，切成菱形片。
2 洋葱切菱形片。
3 牛肉切片。
4 热锅注油，倒入蒜末爆香。
5 倒入牛肉炒至转色。
6 倒入青椒、红椒、洋葱炒香。
7 加入盐、鸡粉、生抽炒匀调味。
8 淋入水淀粉勾芡。
9 关火后将炒好的食材盛入盘中即可。

橙香羊排

材料：羊排 500 克、橙子皮 100 克、青椒适量、洋葱适量、熟花生米适量、熟白芝麻适量

调料：盐适量、鸡粉 3 克、孜然粉 5 克、辣椒粉适量、食用油适量

做法

1 抓适量的盐均匀抹在羊排上，腌渍片刻。
2 橙子皮切成丝。
3 烤架放在中层，下层烤盘垫上锡纸，放上羊排、橙子皮、青椒、洋葱，撒上辣椒粉、盐、鸡粉、孜然粉，180℃烤 20 分钟。
4 将烤好的羊排取出，摆放在盘中，撒上熟花生米和熟白芝麻即可。

新疆火爆羊肚

材料： 熟羊肚 150 克、青椒 40 克、红椒 40 克、姜片适量、葱段适量

调料： 盐 3 克、鸡粉 3 克、生抽 5 毫升、水淀粉适量、食用油适量、料酒适量

做法

1 洗净的青椒、红椒切开，去籽，再切成粗丝。
2 将熟羊肚切成块。
3 用油起锅，放入姜片、葱段，倒入青椒、红椒，炒匀。
4 倒入羊肚，翻炒匀。
5 淋入料酒，炒匀，加入盐、鸡粉、生抽，拌匀。
6 淋入水淀粉勾芡。
7 关火后盛出锅中的菜肴，装入盘中即可。

合味羊排

材料： 羊排 500 克、卤水 2 升、青椒 50 克、红椒 50 克、洋葱 50 克、豆豉 30 克、姜片 30 克、白芝麻少许

调料： 盐 3 克、辣椒油 15 毫升、料酒 15 毫升、十三香适量、食用油适量

做法

1 羊排洗净；青椒、红椒、洋葱分别切粒。
2 卤水倒入锅中烧开，放入羊排，烧开后转小火煮 40 分钟至熟透。
3 捞出煮好的羊排，待用。
4 起油锅，放入姜片、豆豉、洋葱、青椒、红椒，炒香。
5 加入羊排，淋入料酒炒匀。
6 放盐、辣椒油炒匀，加入十三香，快速翻炒匀。

山药羊肉汤

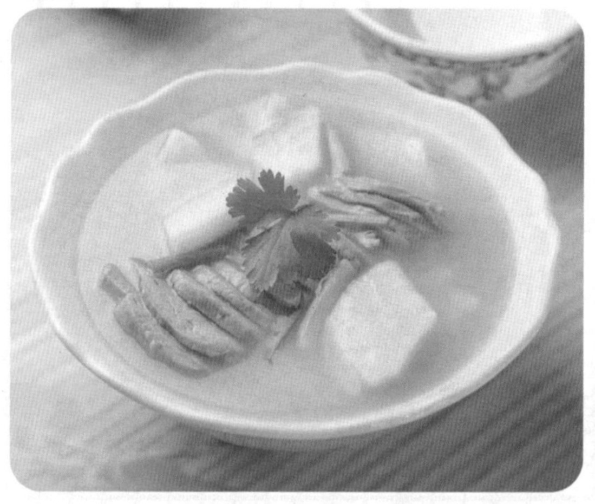

材料：羊肉 300 克、山药块 250 克、葱段少许、姜片少许

调料：料酒适量、盐适量

做法

1 锅中注入适量清水烧开，倒入洗净的羊肉，搅拌均匀，煮约 2 分钟。
2 关火后捞出汆煮好的羊肉。
3 将羊肉过一下冷水，装盘备用。
4 锅中注入适量清水烧开，倒入山药块。
5 倒入葱段、姜片、料酒、羊肉，搅拌均匀，盖上盖，用大火烧开后转至小火炖煮约 40 分钟。
6 揭开盖，撒盐，搅匀，将煮好的山药捞出放入碗中。捞出煮好的羊肉，装盘。
7 将煮好的羊肉切块，装入碗中。
8 浇上锅中煮好的汤水即可。

小炒黑山羊

材料：山羊肉 200 克、红椒 80 克、葱段适量、蒜末适量

调料：盐 3 克、鸡粉 3 克、生抽 5 毫升、水淀粉适量、食用油适量

做法

1 山羊肉切块，红椒切丝。
2 备好碗，倒入羊肉，加入盐、鸡粉、生抽拌匀，腌渍 10 分钟。
3 热锅注油，倒入蒜末爆香。
4 倒入羊肉炒至转色。
5 倒入葱段、红椒丝，翻炒至熟软。
6 淋入水淀粉勾芡，将炒好的食材盛入盘中即可。

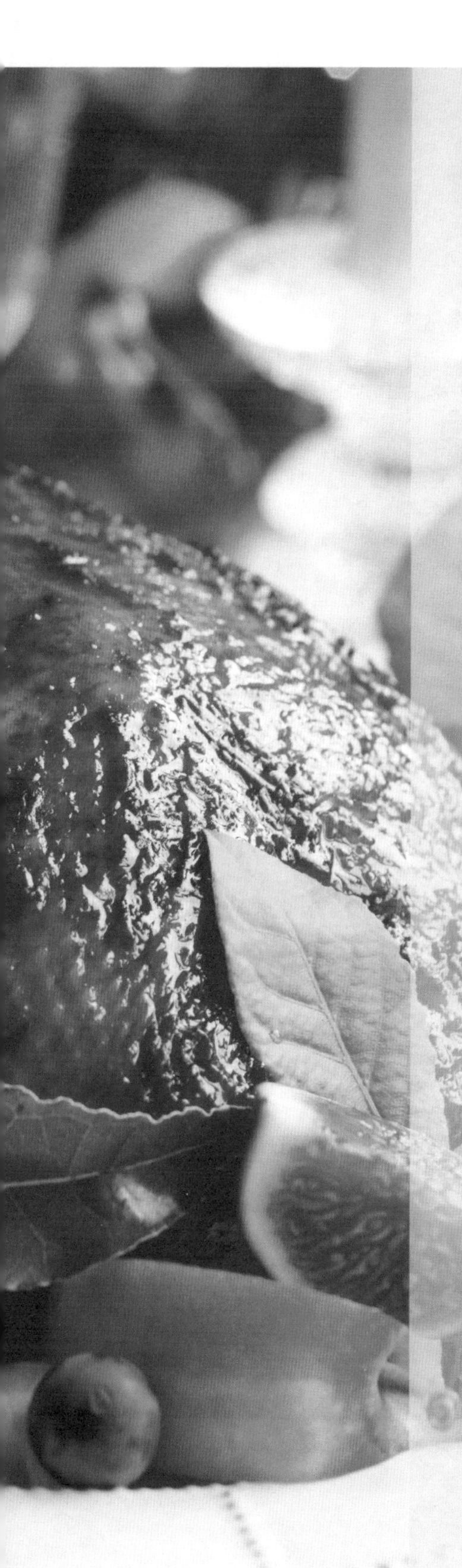

家禽类

米椒大盘鸡

材料：净鸡半只、小米椒 100 克、去皮熟花生米 100 克、蒜末适量、姜末适量、葱花适量

调料：盐 3 克、鸡粉 3 克、料酒 10 毫升、生抽 5 毫升、食用油适量

做法

1 鸡肉剁成小块；小米椒切成段。
2 锅中注水烧开，淋入料酒，放入鸡肉块，汆去血水和脏污，捞出，沥干水，待用。
3 另起锅，注入食用油烧热，倒入蒜末、姜末爆香。
4 放入鸡肉，煸炒至表面呈金黄色。
5 放入小米椒，翻炒至断生，倒入花生米，炒出香味。
6 加入盐、鸡粉，淋入生抽，炒匀调味。
7 关火后将炒好的鸡肉盛入盘中，撒上葱花即可。

大枣桂圆鸡汤

材料：鸡肉 400 克、桂圆 20 颗、大枣 20 颗、冰糖 5 克

调料：盐 4 克、料酒 10 毫升、米酒 10 毫升

做法

1 将洗净的鸡肉切开，再斩成小块，放入盘中待用。
2 锅中注入 800 毫升清水烧开，倒入鸡块，再淋入料酒，拌煮约 1 分钟，汆去血渍，捞出，放在盘中备用。
3 砂锅中注入 900 毫升清水，用大火烧开，放入处理好的桂圆肉、大枣，倒入汆过水的鸡块，加入冰糖，淋入米酒，盖上盖，煮沸后用小火煮 40 分钟至食材熟透。
4 取下盖子，调入盐，拌匀，续煮一会儿至食材入味。
5 揭盖，将食材盛入汤碗中即可。

香辣鸡腿

材料：鸡腿300克、蒜头适量、葱结适量、香菜适量、干辣椒适量

调料：盐3克、鸡粉3克、白糖3克、老抽5毫升、生抽5毫升、食用油适量

做法

1 汤锅置于火上，倒入2500毫升清水，放入洗净的鸡腿，盖上盖，煮沸。
2 揭开盖，捞去汤中浮沫，再盖好盖，转用小火熬煮约1小时。
3 取下锅盖，捞出鸡腿，沥干水分，待用。
4 炒锅烧热，注入少许食用油，倒入蒜头、葱结、香菜、干辣椒，大火爆香。
5 放入白糖，翻炒至白糖溶化。
6 倒入鸡腿炒至上色，加入适量清水，煮至沸腾。
7 加入盐、生抽、老抽、鸡粉拌匀调味。
8 关火，将煮好的鸡腿盛入盘中即可。

宫保鸡丁

材料：鸡胸肉300克、去皮熟花生米50克、干辣椒5克、葱段适量、大蒜适量、姜片适量

调料：盐3克、鸡粉3克、料酒10毫升、生粉适量、食用油适量

做法

1 洗净的鸡胸肉切1厘米厚的片，切条，改切成丁。
2 洗净的大蒜切成丁。
3 鸡丁中加盐、鸡粉、料酒拌匀，加生粉拌匀，淋入少许食用油拌匀，腌渍10分钟。
4 热锅注油，烧至六成热，倒入鸡丁，炸约2分钟至熟透。
5 捞出炸好的鸡丁，沥干油，待用。锅底留油，倒入大蒜、姜、葱段爆香。
6 倒入干辣椒炒香，倒入鸡肉炒匀。
7 倒入去皮熟花生米，翻炒匀。
8 关火后将炒好的食材盛入盘中即可。

鸡肉丸子汤

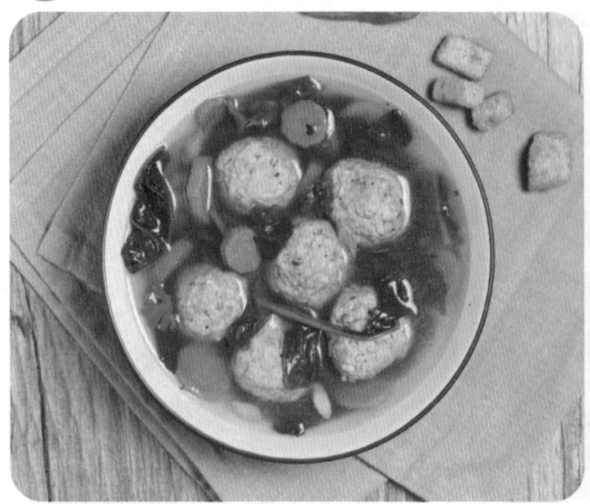

材料：熟鸡胸肉 170 克、胡萝卜 40 克、菠菜 40 克

调料：盐适量、鸡粉 3 克、黑胡椒粉 3 克、料酒 10 毫升、水淀粉适量

做法

1 胡萝卜去皮，切成片。
2 菠菜切成长段。
3 熟鸡胸肉切成碎末。
4 将鸡肉末倒入碗中，加入少许盐、鸡粉。
5 放入黑胡椒粉、料酒，淋入适量水淀粉，快速拌至肉质起劲。
6 将鸡肉末分成数个肉丸，整好形状，待用。
7 锅置火上，注入适量清水，大火煮沸。
8 倒入鸡肉丸，放入胡萝卜、菠菜，盖上盖，烧开后转小火煮约 10 分钟。
9 揭盖，放入少许盐，拌匀调味。
10 关火，将煮好的汤料盛入碗中即可。

鸡胸肉炒西蓝花

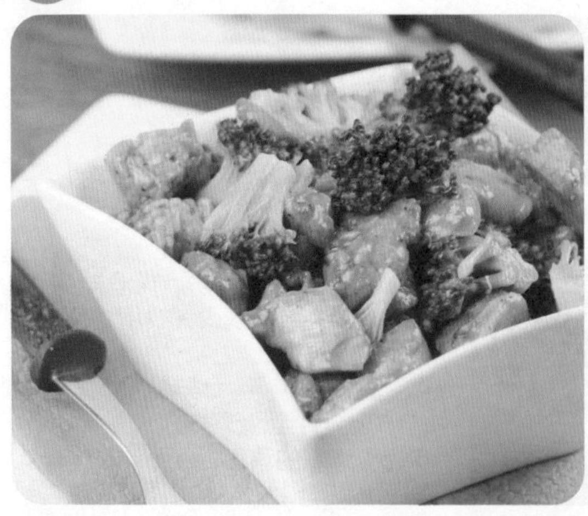

材料：鸡胸肉 100 克、西蓝花 200 克、小米椒 2 根、蒜末适量

调料：酱油适量、盐适量、淀粉适量、胡椒粉适量

做法

1 鸡胸肉切块，加入适量酱油、胡椒粉、淀粉抓匀，腌渍 15 分钟。
2 西蓝花洗净切成小朵；小米椒切段。
3 热锅加少许底油，放入蒜末、小米椒爆香。
4 放鸡胸肉，翻炒至变白。
5 放西蓝花翻炒，加少许清水，放入盐、酱油翻炒至所有食材熟透即可。

人参鸡汤

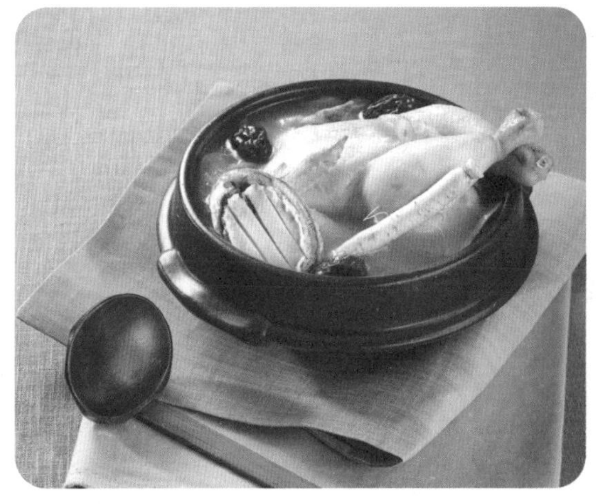

材料：净鸡1只、鲜人参2条、瘦肉50克、鲜鲍鱼3只、大枣10克、姜片适量、葱段少许

调料：料酒2毫升、盐2克

做法

1 净鸡清洗干净；鲍鱼洗净，切一字花刀。
2 锅中注水烧开，放入净鸡，煮2分钟，氽去血水和脏污，捞出，沥干水分，待用。
3 砂锅中注入适量清水，放入鸡肉、人参、鲍鱼、大枣、姜片，放入少许盐，淋入料酒，盖上盖，大火煮开后转小火炖2小时。
4 揭盖，撒入葱段，拌匀即可。

甜椒鸡丁

材料：红彩椒50克、鸡胸肉200克、菠萝肉100克、葱段适量、蒜末适量

调料：盐2克、鸡粉2克、生抽适量、水淀粉适量、食用油适量

做法

1 红彩椒切块；鸡胸肉切丁；菠萝肉切块。
2 热锅注油，倒入蒜末、一部分葱段爆香。
3 倒入鸡胸肉炒至变色。
4 倒入菠萝、红彩椒，加入盐、鸡粉、生抽，炒匀调味。
5 加入适量清水，用水淀粉勾芡。
6 关火后将炒好的食材盛入盘中，撒上剩余的葱段即可。

赵记棒棒鸡

材料：鸡腿 2 只、去皮熟花生米 50 克、八角 2 个、桂皮 5 克、香菜叶少许、蒜蓉少许、白芝麻适量、葱丝适量、姜片适量、葱段适量

调料：盐、白糖、香醋、黄酒、藤椒油、生抽、辣椒油、花椒粉、芝麻油各适量

做法

1 鸡腿洗净，放入锅中，加入清水没过鸡腿，放入八角、桂皮、葱段、姜片、黄酒，煮至鸡腿熟透。

2 捞出煮好的鸡腿，放入冰水中浸泡片刻，捞出。

3 煮鸡腿的汤汁凉凉备用。

4 煮好的鸡腿剔骨头，鸡肉切成薄片。

5 取一大勺凉凉的鸡汤，加入生抽、香醋、白糖、芝麻油、藤椒油、辣椒油、花椒粉、盐、蒜蓉、炒香的白芝麻搅拌均匀。

6 取一个盘，铺上去皮熟花生米，码入鸡腿肉，浇上调好的味汁，撒上葱丝和香菜叶即可。

人参鸡火锅

材料：奶汤 500 毫升、小葱 50 克、生姜 35 克、虾皮 20 克、胡萝卜片 50 克、鸡块 50 克、西蓝花 50 克、香菇 50 克、莴笋叶 50 克、生菜 50 克、水发粉丝 50 克、人参 10 克、枸杞 10 克

调料：盐 6 克、鸡粉 3 克、料酒 15 毫升、胡椒粉适量、食用油适量

做法

1 西蓝花切成小朵；香菇对半切开；洗好的莴笋叶对切成长段；小葱切成段，并将葱白和葱叶分开；去皮的生姜切成片状，待用。

2 用油起锅，倒入姜片、葱白爆香，倒入奶汤，放入虾皮，拌匀提鲜，盖上锅盖，大火煮开至汤香浓。

3 加入盐、鸡粉、料酒，放入葱叶，再加入胡萝卜片，略煮 2 分钟。

4 将煮好的汤倒入电火锅中，撒上少许胡椒粉，拌匀，高温加热煮开。

5 将人参、鸡块、香菇倒入电火锅内，搅拌匀，盖上锅盖，高温煮开后续煮 5 分钟。

6 掀开盖，放入枸杞、西蓝花，搅拌匀，煮至沸腾。

7 放入粉丝、莴笋叶、生菜，稍稍搅拌，煮至食材全部熟透，边煮边享用即可。

山药大枣鸡汤

材料： 鸡肉 400 克、山药 230 克、大枣少许、枸杞少许、姜片少许

调料： 盐 3 克、鸡粉 2 克、料酒适量

做法

1 洗净去皮的山药切开，再切滚刀块。
2 洗好的鸡肉切块，备用。
3 锅中注入适量清水烧开，倒入鸡肉块，搅拌均匀，淋入少许料酒，用大火煮约 2 分钟，撇去浮沫。
4 捞出鸡肉，沥干水分，装盘备用。
5 砂锅中注入适量清水烧开，倒入鸡肉块，放入大枣、姜片、枸杞，淋入料酒。
6 盖上盖，用小火煮约 40 分钟至食材熟透。
7 揭开盖，加入盐、鸡粉，搅拌均匀，略煮片刻至食材入味。
8 关火后盛入碗中即可。

荣经棒棒鸡

材料： 鸡腿 3 只、白芝麻适量、大葱 1 根、姜 1 块、葱花适量、八角 2 个、桂皮 5 克、蒜蓉少许

调料： 盐适量、花椒粉适量、藤椒油 5 毫升、香醋 5 毫升、生抽 10 毫升、辣椒油 15 毫升、黄酒 15 毫升、白糖 10 克、芝麻油适量

做法

1 姜切片；大葱取葱白，切小段。
2 鸡腿洗净，放入锅中，加入清水没过鸡腿，放入八角、桂皮、葱段、姜片、黄酒，煮至鸡腿刚熟，用筷子扎一下无血水即可。
3 捞出煮好的鸡腿，放入冰水中浸泡片刻，捞出。
4 煮鸡腿的汤汁凉凉备用。
5 将鸡腿剁成大块。
6 取一大勺凉凉的鸡汤，加入生抽、香醋、白糖、芝麻油、藤椒油、辣椒油、花椒粉、盐、蒜蓉、炒香的白芝麻搅拌均匀。
7 鸡腿肉码入盘中，浇上调好的味汁，撒上葱花即可。

麻辣宫保鸡丁

材料：鸡胸肉 225 克、黄瓜 50 克、熟花生米 50 克、干辣椒 8 克、葱段 45 克、姜片 10 克，姜汁适量

调料：盐适量、料酒适量、花椒 2 克、白胡椒 1 克、酱油 6 毫升、白糖 10 克、香醋 7 毫升、水淀粉适量、食用油适量

做法

1 鸡胸肉用刀背拍一下，切成小丁，加入适量料酒、食用油、白胡椒、盐、水淀粉腌渍 10 分钟。

2 黄瓜洗净去皮，切丁；干辣椒洗净，切段。

3 在小碗中调入酱油、香醋、盐、姜汁、白糖和料酒，混合均匀，制成调味汁。

4 锅中注油烧热，放入花椒、干辣椒，用小火煸炒出香味。

5 放入葱段、姜片、鸡丁，淋入料酒，将鸡丁滑炒变色，再放入黄瓜丁，续炒片刻。

6 调入调味汁，放入熟花生米，翻炒均匀。

7 淋入适量水淀粉勾芡即可。

酸甜炸鸡块

材料：鸡胸肉 300 克、面包糠 100 克、鸡蛋 1 个、熟白芝麻少许

调料：盐 3 克、鸡粉 3 克、辣椒粉 3 克、食用油适量、番茄酱 60 克

做法

1 鸡肉切块。

2 往鸡肉中加入盐、鸡粉、辣椒粉、食用油，用手抓匀，腌渍 10 分钟至入味。

3 鸡蛋打入盘中，搅散；面包糠倒入另一盘中。

4 鸡肉块裹上蛋液，再包裹上面包糠，待用。

5 热锅注油烧至七成热，放入鸡肉块，油炸至微黄色。

6 捞出油炸好的鸡肉块，沥干油待用。

7 锅底留油，倒入鸡块，挤上番茄酱，炒匀调味。

8 关火，将鸡肉块盛入盘中，撒上熟白芝麻即可。

乌鸡汤

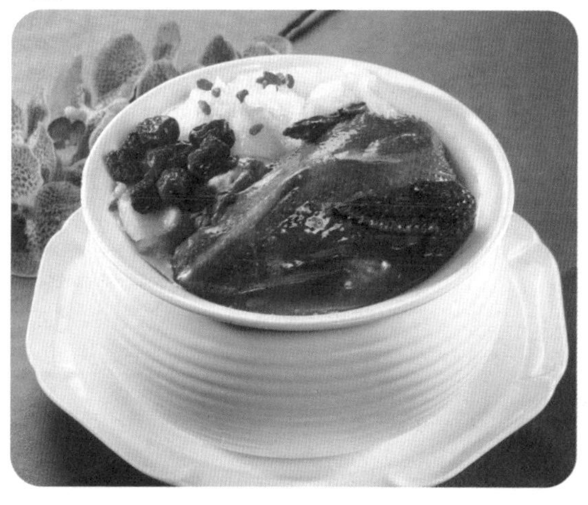

材料：乌鸡块 200 克、山药片 30 克、大枣 20 克、枸杞 10 克、黄芪 5 克

调料：盐 3 克

做法

1 乌鸡块放入沸水锅中汆去血水和脏污，待用。

2 砂锅中注入适量清水烧开，放入乌鸡块，再放入洗净的山药片、大枣、黄芪、枸杞，盖上盖，用小火煲 1.5 小时。

3 揭开盖，放盐拌匀调味即可。

藤椒鸡

材料：鸡肉 300 克、蒜末适量、小米椒适量、青尖椒适量

调料：盐适量、鸡粉适量、生粉 5 克、生抽适量、料酒适量、藤椒油适量、水淀粉适量、食用油适量、豆瓣酱适量

做法

1 洗净的小米椒切成圈；鸡肉切块。

2 将洗好的鸡肉块放入碗中，加入少许生抽、料酒、盐、鸡粉，拌匀，再撒上生粉，拌匀，腌渍 10 分钟至其入味。

3 锅中注油，烧至五成热，倒入腌渍好的鸡块，拌匀，炸半分钟至其呈金黄色，捞出，沥干油，待用。

4 锅底留油，倒入蒜末、小米椒，爆香。

5 放入鸡块，炒匀，淋入适量料酒，炒匀提味。

6 加入豆瓣酱、生抽，炒匀。

7 淋入藤椒油，加入盐、鸡粉，炒匀调味。

8 注入适量清水，炒匀，盖上盖，煮开后用小火煮 10分钟至其熟软。

9 揭盖，倒入水淀粉勾芡，关火后盛出即可。

五彩鸡米花

材料：鸡胸肉 85 克、圆椒 60 克、哈密瓜 50 克、胡萝卜 40 克、茄子 60 克、姜末少许、葱末少许

调料：盐适量、水淀粉 3 克、料酒 3 毫升、食用油适量

做法

1 将洗净的圆椒去籽，切条，改切成丁；洗好的胡萝卜切片，再切成条，改切成丁。

2 洗净的哈密瓜切片，再切成条，改切成粒；洗好的茄子切片，再切成条，改切成粒。

3 洗净的鸡胸肉切片，再切成条，改切成粒，装入碗中，放入少许盐、水淀粉，抓匀，加入少许食用油，腌渍 3 分钟至入味。

4 锅中注水烧开，放入胡萝卜、茄子，煮 1 分钟至断生，下入圆椒、哈密瓜，拌匀，再煮半分钟。

5 将焯煮好的食材捞出装盘备用。

6 用油起锅，倒入姜末、葱末，爆香，放入鸡胸肉，翻炒松散至鸡肉转色。

7 淋入料酒，拌炒香，倒入焯过水的食材，拌炒匀。

8 加入适量盐，炒匀装入碗中即可。

家常拌土鸡

材料：光鸡半只、大葱 1 根、熟白芝麻少许

调料：盐 2 克、辣椒酱 50 克、料酒 10 毫升

做法

1 大葱取葱白切小段；鸡肉斩小块。

2 将鸡块放入凉水锅里，加料酒煮开，转中小火煮 15 分钟至熟透。

3 捞出煮好的鸡肉，冲洗干净，晾干水分。将葱白段和鸡块装入碗里，加入盐、辣椒酱拌匀。

4 将拌好的食材装入盘中，撒上熟白芝麻即可。

干煸鸡翅尖

材料：鸡翅尖 200 克、干辣椒 50 克、熟花生米适量、熟白芝麻适量、葱段 5 克、葱花 5 克、生姜 5 克

调料：花椒适量、盐适量、豆瓣酱适量、生抽 3 毫升、蜂蜜 3 毫升、食用油适量

做法

1 干辣椒洗净，切段；生姜洗净，切丝。

2 鸡翅尖洗净，放入蜂蜜、生抽，加入适量盐，腌渍 2 个小时。

3 锅里放油烧热，放入鸡翅尖，用小火炸至金黄色，捞出控油。

4 锅内留底油，放入花椒粒炸出香味。

5 放入姜丝翻炒香，放入干辣椒段、熟花生米、熟白芝麻，快速翻炒均匀。

6 放入炸好的鸡翅尖翻炒均匀，加入豆瓣酱、盐，炒匀调味，出锅放上葱段和葱花即可。

烤鸡翅

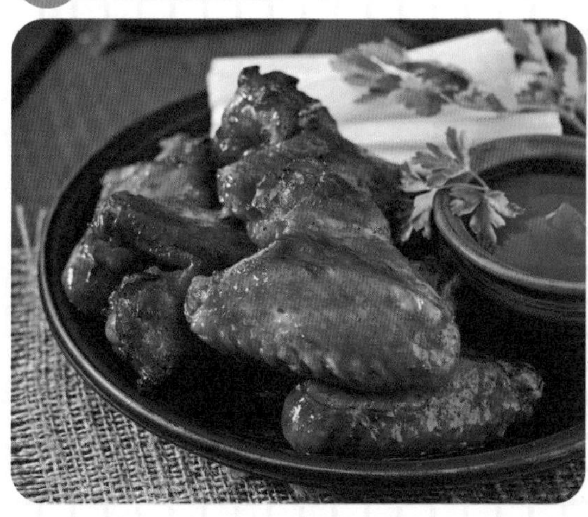

材料：鸡翅 300 克、姜片适量、蒜末适量、葱段适量

调料：料酒适量、老抽少许、豆瓣酱 5 克、盐适量、鸡粉适量、生抽 5 毫升、生粉适量、食用油适量、味精适量

做法

1 鸡翅盛入碗中，加少许料酒、盐、鸡粉、生抽，拌匀，加少许生粉拌匀，腌渍 15 分钟。

2 热锅注油，烧至五成热，倒入鸡翅，炸约 1 分钟。

3 将炸好的鸡翅捞出。

4 锅底留油，倒入姜片、蒜末、葱段爆香。

5 淋入料酒，加少许老抽、豆瓣酱炒匀。

6 加少许清水，加盐、鸡粉、味精，炒匀调味。

7 关火后，将炒好的鸡翅盛入盘中即可。

黑椒鸡肉便当

材料：鸡胸肉 200 克、米饭 300 克、红椒少许、青豆少许、其他蔬菜少许、生菜叶少许、樱桃萝卜少许、面包糠少许

调料：黑胡椒粉 10 克、盐适量、鸡粉 3 克、食用油适量

做法

1 红椒切开，去籽，切成丝；樱桃萝卜切成花形。

2 青豆放入沸水锅中焯熟。

3 往鸡胸肉中加入盐、鸡粉、黑胡椒粉，涂抹均匀，腌渍入味。

4 将腌渍好的鸡胸肉裹上面包糠，待用。

5 热锅注油，烧至七成热，放入鸡胸肉，油炸至两面呈金黄色。

6 将鸡肉捞出，沥干油，待稍微冷却，切成段。

7 锅底留油，放入红椒丝，翻炒至断生，撒入盐、黑胡椒粉，炒匀，盛入垫有生菜叶的便当盒中，再放上切好的鸡胸肉，盛入米饭，摆放上其他蔬菜即可。

芒果鸡肉块

材料：芒果肉 90 克、鸡胸肉 300 克、蒜末适量

调料：盐 2 克、鸡粉 2 克、生抽适量、食用油适量

做法

1 芒果肉切块；鸡胸肉切块。

2 热锅注油，倒入适量蒜末爆香。

3 倒入鸡胸肉炒至转色。

4 加入盐、鸡粉、生抽，炒匀调味。

5 倒入芒果炒匀。

6 关火后将食材盛入碗中即可。

地锅鸡玉米饼

材料：鸡肉 200 克、玉米饼 100 克、姜片适量、葱段适量、干辣椒适量

调料：盐 3 克、鸡粉 3 克、花椒适量、蚝油 5 毫升、料酒 5 毫升、豆瓣酱 5 克

做法

1 将洗好的净鸡斩块。

2 锅中注油，烧热，倒入鸡块，翻炒出油。

3 倒入姜片、葱段和洗好的花椒与干辣椒，翻炒均匀。

4 加豆瓣酱炒匀，倒入辣椒酱翻炒匀。

5 倒入料酒和少许清水拌匀，加盖，中火焖煮 2 分钟至入味。

6 揭盖，加入盐、鸡粉，淋入蚝油炒匀。

7 将炒好的食材盛入干锅内，放上玉米饼即可。

枸杞大枣蒸鸡

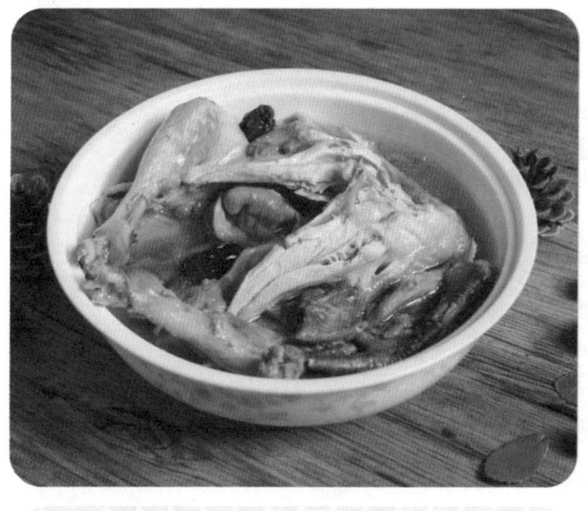

材料：净鸡 1 只、大枣 30 克、枸杞 15 克

调料：盐少许

做法

1 净鸡清洗干净，沥干水分，待用。

2 取一大碗，放入净鸡，再放入洗净的大枣、枸杞。

3 均匀地撒上盐，待用。

4 蒸锅上火烧开，放入装有食材的碗，蒸 2 小时至食材熟透即可。

歌乐山辣子鸡

材料： 鸡肉 500 克、干辣椒 200 克、芝麻 30 克、生菜 20 克、香葱少许、生姜少许

调料： 料酒 20 毫升、酱油 30 毫升、味精 3 克、盐 10 克、冰糖 20 克、花椒 50 克、食用油适量

做法

1 将鸡肉洗净，切成小块；生姜切片；香葱切细丝；干辣椒切成段。

2 鸡肉放到碗中，加酱油、料酒、味精、盐、少许姜片、少许花椒，拌匀，腌渍 30 分钟。

3 锅里倒入适量油，烧至五成热，改小火，将干辣椒与籽分离，下辣椒过油 30 秒。捞出干辣椒，改用大火将辣椒油烧至十成热。

4 下入鸡块炸至金黄色，盛出，放置一会儿后，再次下锅炸。捞出，沥油，待用。

5 锅底留油，下入姜片、葱丝爆香，放入冰糖和炸好的鸡块翻炒。

6 倒入辣椒籽和花椒，转中火不断翻炒，至锅中的油汁被吸收。

7 倒入芝麻，翻炒出焦香味。

8 将洗净的生菜铺在盘底，盛入锅中食材即可。

腰果鸡丁

材料： 鸡胸肉 400 克、黄彩椒 50 克、圆椒 50 克、洋葱 50 克、腰果 50 克

调料： 盐、鸡粉、料酒、生抽、生粉、食用油各适量

做法

1 洋葱去皮，洗净后切块；洗净的圆椒、黄彩椒切块。

2 洗净的鸡胸肉切成丁，装入碗中，放入少量盐、料酒、生抽、生粉拌匀，腌渍 15 分钟。

3 热锅注油烧至六成热，放入腰果炸至金黄，捞出；再放入鸡丁炸熟，捞出待用。

4 锅底留油，倒入洋葱、黄彩椒、圆椒，快速翻炒片刻，加入盐、鸡粉，炒匀调味。

5 放入炸好的鸡丁和腰果，翻炒均匀即可。

奥尔良烤鸡翅

材料： 鸡翅中 500 克、熟芝麻少许

调料： 生抽、老抽、蚝油、料酒、蒜蓉、十三香、盐、生姜蓉、花椒油、蜂蜜、孜然粉各适量

做法

1 取一个大碗，放入鸡翅，再放入备好的调料，用手抓匀，封上保鲜膜，放入冰箱冷藏 24 小时。
2 烤箱 200℃预热 10 分钟。
3 烤盘铺好吸油纸，均匀地放上腌渍好的鸡翅。
4 将烤盘放入烤箱先烤 15 分钟，然后在鸡翅的表面刷一层蜂蜜，继续烤 5 分钟。
5 最后翻面，再刷一层蜂蜜继续烤 5 分钟。
6 将烤好的鸡翅取出装入碗中，撒上熟芝麻即可。

板栗焖鸡

材料： 光鸡半只、板栗 300 克、红椒 50 克、青椒 50 克、洋葱 30 克、姜片 20 克

调料： 盐 3 克、生抽 20 毫升、料酒适量、老抽 5 毫升、食用油适量

做法

1 光鸡洗净斩成小块；红椒、青椒洗净，切小块；洋葱洗净，切小块；板栗洗净备用。
2 将鸡块倒入沸水锅中，加少许料酒煮沸，汆去血水，捞出待用。
3 起油锅，放入姜片爆香，倒入鸡块炒匀。
4 淋入料酒炒香，倒入板栗、红椒、青椒、洋葱，炒匀。
5 放盐、生抽、老抽炒匀，加适量清水煮沸。
6 将锅中食材转入砂锅煮沸，加盖转小火焖 20 分钟即可。

棒棒鸡

材料：鸡腿200克、熟白芝麻3克、葱段适量、姜片适量、香菜叶适量、干辣椒适量

调料：料酒5毫升、生抽5毫升、花椒粉3克、味精3克、白糖5克、辣椒油15毫升、香油10毫升

做法

1 鸡肉洗净；部分葱段切丝。

2 锅中注水，加入葱段、姜片、料酒，放入鸡腿，用大火烧沸后转中小火煮10分钟。

3 关火，捞出鸡腿，凉凉。

4 取一个碗，倒入生抽、白糖、味精、花椒粉、辣椒油、熟白芝麻，最后加入香油，调匀制成汁。

5 用特制的木棒将煮熟的鸡肉拍松，切成均匀的薄片。

6 浇入味汁，放上葱丝、香菜叶、干辣椒即可。

干锅鸭掌

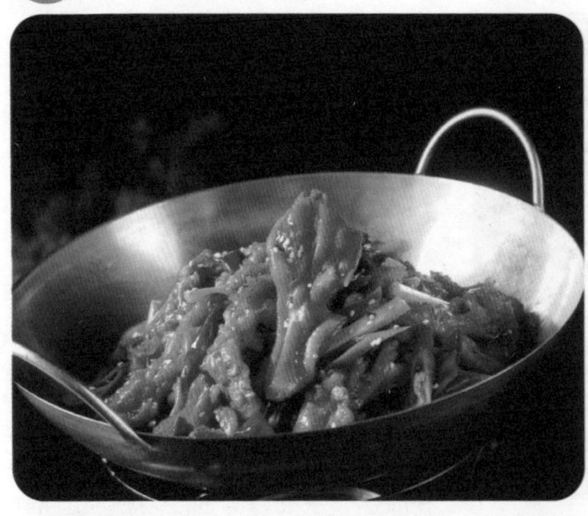

材料：鸭掌300克、干辣椒25克、青椒30克、大葱10克、熟白芝麻5克、蒜末适量、姜片适量

调料：花椒适量、盐4克、鸡精3克、孜然粉3克、食用油适量

做法

1 干辣椒洗净，切斜刀段；青椒洗净，切斜刀段；大葱洗净，切段。

2 鸭掌洗净，放入锅中，加入适量水，放姜片、大葱煮熟。

3 捞出煮好的鸭掌，沥干水分。

4 锅中倒入适量油，烧至七成热，放入煮好的鸭掌，炸到鸭掌表面呈金黄色，捞出，沥干油，待用。

5 锅中留底油，倒入干辣椒、青椒，放入蒜末、花椒，炒出香味。

6 倒入炸好的鸭掌，放入盐、鸡精、孜然粉，拌匀。

7 将炒好的食材盛入干锅中，撒上白芝麻即可。

五杯鸭

材料：鸭肉块 500 克、香菜少许

调料：料酒 100 毫升、生抽 80 毫升、食用油 80 毫升、白糖 75 克、白醋 60 毫升、八角 15 克、姜片少许、食用油 80 毫升、鸡粉 2 克

做法

1 热锅注油烧热，倒入八角、姜片，爆香。
2 放入处理好的鸭肉块，煎至两面焦黄。
3 倒入白糖，翻炒均匀至溶化。
4 淋入料酒、生抽，拌匀，淋入白醋，翻炒均匀。
5 盖上盖，大火煮开后转小火煮 40 分钟。
6 掀开盖，加入鸡粉，翻炒调味。
7 关火后将菜肴盛入碗中，放上香菜即可。

火爆鸭唇

材料： 卤鸭舌 200 克、干辣椒 300 克

调料：花椒 20 克、盐 3 克、白糖 2 克、料酒适量、辣椒粉 10 克、食用油适量、生抽适量

做法

1 干辣椒切成段。
2 热锅注油，倒入花椒、干辣椒爆香。
3 倒入卤鸭舌，淋入少许料酒，炒香。
4 加入适量生抽，放入盐、白糖，炒匀调味。
5 倒入辣椒粉，快速拌炒均匀。
6 关火后将炒好的鸭舌盛入盘中即可。

鸭肉炒菌菇

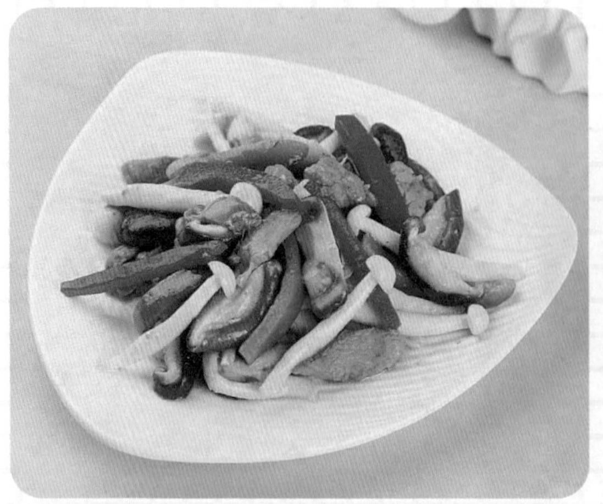

材料：鸭肉 170 克、白玉菇 100 克、香菇 60 克、彩椒 30 克、圆椒 30 克、姜片少许、蒜片少许

调料：盐适量、鸡粉适量、生抽 2 毫升、料酒适量、水淀粉适量、食用油适量

做法

1 洗净的香菇去蒂，再切片；洗好的白玉菇切去根部；洗净的彩椒切粗丝；洗好的圆椒切粗丝；处理好的鸭肉切条放入碗中，加盐、生抽、料酒、水淀粉拌匀，倒入食用油，腌渍 10 分钟，至其入味。

2 锅中注水烧开，倒入香菇拌匀，煮约半分钟，放入白玉菇拌匀，略煮，放入彩椒、圆椒，加少许食用油，煮至断生，捞出沥水备用。

3 用油起锅，放入姜片、蒜片，爆香，倒入腌好的鸭肉炒至变色，放入焯过水的食材炒匀。

4 加入盐、鸡粉、水淀粉、料酒，炒匀，用大火翻炒至入味即可。

白果老鸭汤

材料：鸭肉块 350 克、白果仁 100 克、姜片 6 克

调料：盐 2 克、料酒 10 毫升

做法

1 锅中注入适量清水烧开，放入洗净的白果仁，煮 1 分钟至断生。

2 捞出煮好的白果仁，沥干水分，装盘待用。

3 另起锅，注入适量清水烧开，放入洗好的鸭肉块，汆煮 2 分钟去除腥味和脏污。

4 捞出汆煮好的鸭肉块，沥干水分，装盘待用。

5 锅中倒入汆煮好的鸭肉块，注入 500 毫升清水，煮 2 分钟至略微沸腾。

6 加入姜片，倒入料酒搅匀，煮约 2 分钟至沸腾，撇去浮沫，加盖，用小火炖 1 小时至食材熟软。

7 揭盖，加入白果仁煮至沸腾。

8 加盐搅匀调味，关火后将煮好的汤盛入碗中即可。

海带丝松茸老鸭汤

材料：水发松茸 70 克、鸭肉 200 克、水发海带 100 克、姜片适量、高汤适量

调料：盐 3 克、鸡粉 3 克

做法

1 鸭肉切块；松茸切块；海带切丝。
2 锅中注入适量清水烧开，放入洗净的鸭肉块，搅拌匀，煮 2 分钟，汆去鸭肉的血水。
3 捞出汆好的鸭肉，沥干水分，待用。
4 另起锅，注入适量高汤烧开，加入鸭肉、松茸、姜片拌匀，盖上锅盖，用大火煮开后调至中火，炖 1 小时至食材煮透。
5 揭开锅盖，加入盐、鸡粉，加入海带丝，搅拌均匀，煮至食材入味。
6 关火，将煮好的汤料盛出即可。

鸭掌干捞粉丝煲

材料：卤鸭掌 6 个、水发粉丝 200 克、蒜末适量

调料：生抽 5 毫升、盐适量、鸡粉 3 克、辣椒油 5 毫升、白醋 5 毫升、食用油适量

做法

1 将水发粉丝切成段。
2 锅中倒入适量清水，用大火烧开，加入食用油、盐，倒入粉丝，煮 1 分钟至熟软。
3 将煮好的粉丝捞出，装入碗中，放入蒜末，倒入生抽、鸡粉、白醋，加入辣椒油、盐，拌匀调味。
4 将粉条盛入碗中，摆好卤鸭掌即可。

宫保鹅肝

材料： 鹅肝 150 克、熟花生米 50 克、蒜苗适量、蒜末适量、干辣椒 5 克

调料： 盐 3 克、鸡粉 3 克、生抽适量、食用油适量

做法

1 洗净的蒜苗梗切成小段；鹅肝切块；干辣椒切成段。

2 热锅注油，倒入干辣椒、蒜末爆香。

3 倒入蒜苗段炒香，倒入鹅肝炒匀至转色。

4 倒入熟花生米，加入盐、鸡粉、生抽，炒匀调味。

5 关火后将炒好的食材盛入盘中即可。

林里烧鹅

材料： 苦瓜 80 克、鹅肉 150 克、青椒 50 克、红椒 50 克、干辣椒 10 克、蒜苗适量、蒜末适量、姜片适量

调料： 料酒 10 毫升、生抽 5 毫升、盐 3 克、鸡粉 3 克、水淀粉适量、食用油适量

做法

1 苦瓜对半切开，去籽去瓤，切成段；青椒、红椒切段，再对半切开；蒜苗切成段。

2 洗净的鹅肉斩块。

3 起油锅，倒入切好的鹅肉，翻炒至变色。

4 加料酒、生抽炒匀，倒入蒜末、姜片和洗好的干辣椒，倒入适量清水，加入盐、鸡粉，炒匀调味，加盖焖 5 分钟至鹅肉熟透。

5 揭开锅盖，倒入苦瓜，再次盖上盖，焖煮约 3 分钟至熟。

6 揭开盖，大火收汁，倒入已洗净的蒜苗、红椒、青椒拌匀。

7 淋入适量水淀粉勾芡，翻炒匀至入味后将食材盛入碗中即可。

宫保法国鹅肝

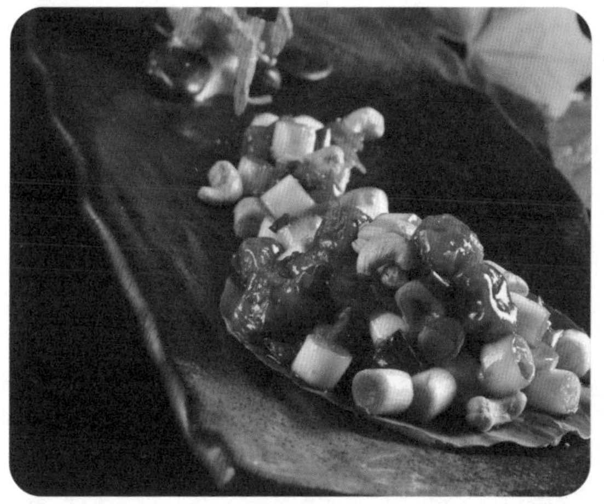

材料：鹅肝 100 克、熟腰果 50 克、大葱白适量、蒜末适量、干辣椒 5 克

调料：盐 3 克、鸡粉 3 克、生抽适量、食用油适量

做法

1 洗净的大葱取葱白，切成小段；鹅肝切块；干辣椒切成段。
2 热锅注油，倒入干辣椒、蒜末爆香。
3 倒入葱段炒香，倒入鹅肝炒匀至转色。
4 倒入熟腰果，加入盐、鸡粉、生抽，炒匀调味。
5 关火后将炒好的食材盛入盘中即可。

农家生态鹅

材料：鹅肉 150 克、红椒 30 克、油豆腐 80 克、姜片适量、蒜末适量、葱段适量

调料：盐 3 克、鸡粉 3 克、料酒 10 毫升、生抽 5 毫升、食用油适量

做法

1 鹅肉切块。
2 锅中注入适量清水烧开，倒入洗净的鹅肉，搅散，汆去血水。
3 捞出汆煮好的鹅肉，沥干水分，备用。
4 用油起锅，放入姜片、蒜末，爆香，倒入汆过水的鹅肉，快速翻炒均匀。
5 淋入料酒、生抽，炒匀提味。
6 加入盐、鸡粉，倒入适量清水，炒匀，煮沸，盖上盖，用小火焖 20 分钟，至食材熟软。
7 揭开盖，放入油豆腐，搅匀，再次盖上盖，用小火再焖 10 分钟，至食材软烂。
8 揭盖，撒入葱段，将煮好的食材盛入碗中即可。

鲜味鱼类

土豆带鱼

材料：带鱼1条，土豆200克，鸡蛋1个，青椒30克，葱段、姜丝、干辣椒段、藤椒、蒜末、面粉各适量

调料：盐2克、料酒5毫升、豆瓣酱20克、食用油适量、十三香少许、花椒粒适量、白芝麻少许

做法

1 处理干净的带鱼切成长短合适的段，放入碗中，加入料酒、盐、葱段、姜丝、十三香、花椒粒涂抹均匀，腌渍30分钟。

2 腌渍好后用厨房纸把鱼块表面擦干净，两面都沾上面粉，待用。

3 鸡蛋打入碗中，用筷子搅散，将鱼块裹上鸡蛋液。

4 热锅凉油，烧至六七成热，放入带鱼段，中小火慢炸，炸至两面都呈金黄色，捞出。

5 锅底留油，倒入蒜末爆香，放入土豆片，翻炒至熟软。

6 加入青椒、豆瓣酱、干辣椒段、藤椒、葱段，炒匀调味。

7 倒入炸好的带鱼段，撒上白芝麻，翻炒匀即可。

盐烤三文鱼头

材料：三文鱼头1个、黑椒碎20克

调料：盐3克、柠檬汁10毫升、橄榄油适量

做法

1 取厨房纸巾将处理干净的三文鱼头控干水分。

2 撒适量盐、黑椒碎将鱼抹匀，挤入柠檬汁腌10分钟。

3 平底锅烧热，倒入橄榄油，轻轻放入三文鱼头，用中火煎1分钟，轻轻翻面，再煎1分钟即可。

4 将煎好的三文鱼头盛入盘中即可。

松鼠鱼

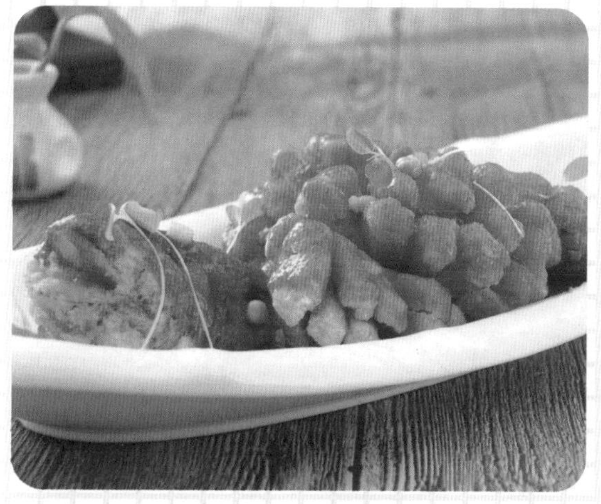

材料：鳜鱼1条、淀粉适量、吉士粉适量、生姜适量、葱适量

调料：盐适量、白糖适量、料酒5毫升、白醋5毫升、番茄酱10克、水淀粉适量、柠檬汁适量、食用油适量

做法

1 鳜鱼宰杀洗净，切下鱼头，剔去脊骨、腩骨，使两片鱼肉相连于鱼尾处，切上麦穗花刀。

2 鳜鱼肉加少许盐、料酒、生姜、葱拌匀，腌渍3～5分钟后，裹上淀粉、吉士粉，待用。

3 锅内注油烧至七成热，放入鱼头略炸，再放入鱼尾、鱼身，炸2分钟呈金黄色，捞出装盘。

4 锅底留油，倒入适量番茄酱、白醋、白糖搅匀，再倒入少许清水、水淀粉、熟油拌匀，挤入柠檬汁制成稠汁。

5 将稠汁淋在鳜鱼上即可。

沸腾鱼片

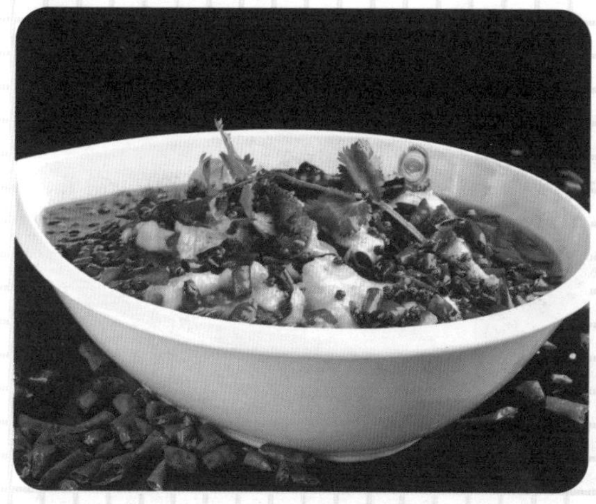

材料：黑鱼1条、蛋清适量、干辣椒适量、姜片适量

调料：盐适量、豆瓣酱30克、生粉适量、生抽30毫升、料酒适量、高汤适量、食用油适量、花椒适量

做法

1 干辣椒切成段。

2 黑鱼宰杀处理干净，剔骨取下鱼肉，鱼骨斩成块，鱼肉切成片。

3 鱼骨加盐、姜片、料酒、生粉，拌匀腌渍10分钟。

4 鱼片加盐、蛋清、姜片、料酒、生粉，拌匀腌渍10分钟。

5 起油锅，放入鱼骨，炒香，加适量开水，放入豆瓣酱、生抽，拌匀煮沸，捞出鱼骨，装入碗中。

6 将鱼片倒入锅中，轻轻搅散，煮沸。

7 盛出锅中食材，铺上干辣椒、花椒，淋上热油即可。

清蒸多宝鱼

材料：多宝鱼400克、姜丝40克、红椒35克、葱丝25克、姜片30克、葱段少许

调料：盐3克、鸡粉少许、芝麻油4毫升、蒸鱼豉油10毫升、食用油适量

做法

1 将洗好的红椒切开，去籽，再切成丝。

2 处理干净的多宝鱼装入盘中，放入姜片，撒上盐，腌渍一会儿。

3 蒸锅上火烧开，放入装有多宝鱼的盘子，盖上盖，用大火蒸约10分钟，至鱼肉熟透。

4 关火后揭开盖，取出蒸好的多宝鱼，趁热撒上姜丝、葱丝，放上红椒丝，再撒上红椒片、葱段，浇上热油，待用。

5 用油起锅，注入少许清水，倒上蒸鱼豉油，加入鸡粉，淋入少许芝麻油，拌匀，用中火煮片刻，制成味汁。

6 关火后盛出味汁，浇在蒸好的鱼肉上即可。

大西北酱焖大鱼头

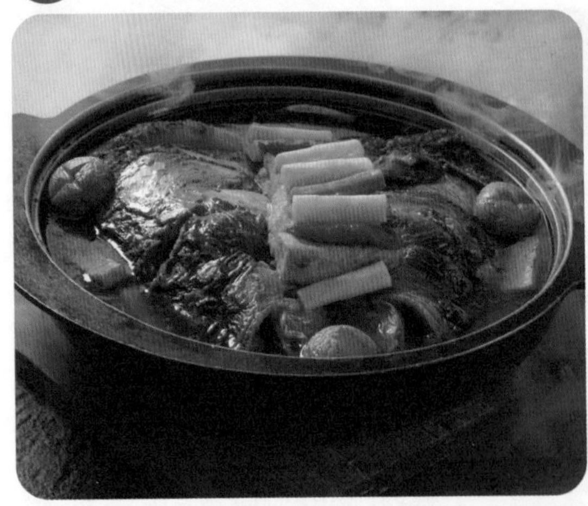

材料：鱼头200克、土豆90克、豆腐90克、板栗肉50克、大葱1根、剁椒30克、青椒少许、红椒少许、蒜末少许

调料：盐适量、老抽5毫升、料酒适量、生抽10毫升、水淀粉适量、食用油适量、辣椒油10毫升、黄豆酱8克

做法

1 将豆腐切小方块；土豆切条。

2 青椒、红椒切成长段；大葱取葱白，切成长段。

3 鱼头放盘中，撒少许盐，再淋入料酒，腌10分钟，去腥，待用。

4 用油起锅，放入鱼头，用中小火煎出香味，翻转鱼头，煎至两面断生，盛出，待用。

5 锅底留油，放入蒜末、剁椒，爆香，放入黄豆酱、土豆条、豆腐块，转小火，淋入料酒、生抽，炒匀。关火，倒入取装有鱼头的盘子，待用。

6 用油起锅，倒入盘中材料，注入清水，加入盐、老抽，大火煮沸后，改中小火煮至食材熟软。

7 倒入青椒、红椒、葱白、板栗肉，拌匀，用小火续煮至食材熟透。

8 大火收汁，用水淀粉勾芡，淋入辣椒油炒香即可。

川味胖鱼头

材料：胖鱼头 1 个、碎剁椒适量、泡椒适量、大蒜 10 克、生姜 10 克、豆豉适量、葱花适量

调料：盐适量、白糖 2 克、鸡精 2 克、料酒 3 毫升、生抽 4 毫升、鲜味汁 4 毫升、食用油适量

做法

1 将鱼头洗净，从鱼唇正中一劈为二，均匀抹上适量盐，淋入料酒，腌渍 10 分钟。
2 将大蒜、生姜、豆豉、泡椒剁碎。
3 锅中注入适量油烧热，倒入蒜末、姜末、豆豉、剁椒、泡椒爆香，盛出，待用。
4 鱼头放入锅中用油煎香，倒入爆香的剁椒料，加入生抽、鲜味汁、白糖、鸡精、盐，注入适量清水，熬煮至汤汁变浓。
5 将煮好的食材盛出，撒上葱花即可。

木瓜烩鱼唇

材料：去皮木瓜 120 克、鱼唇 80 克、板栗肉 80 克、白菜薹 20 克

调料：盐 2 克、鸡粉 2 克

做法

1 木瓜肉切块；鱼唇切成条。
2 锅中注入适量清水烧开，倒入鱼唇拌匀，加盖，中火煮 10 分钟。
3 揭盖，倒入木瓜、板栗肉，拌匀，再次盖上盖，续煮 10 分钟。
4 揭开盖，放入白菜薹，加盐、鸡粉拌匀，煮至白菜薹断生。
5 关火后将煮好的食材盛入碗中即可。

家乡酸菜鱼

材料：草鱼 1 条、鸡蛋 1 个、酸菜 80 克、小米椒 20 克、香菜碎适量、蒜末适量、姜片适量、葱段适量

调料：盐适量、白糖 3 克、米醋 5 毫升、胡椒粉 3 克、料酒 10 毫升、生粉适量、食用油适量、花椒 20 克

做法

1 小米椒斜切成段；洗好的酸菜切成段。
2 鱼身对半片开，将鱼骨与鱼肉分离，鱼骨斩成段。
3 片开鱼腩骨，切成段，装入碗中待用。
4 将鱼肉切成薄片，装入另一个碗中，加入盐、料酒、蛋清，拌匀，再倒入生粉，充分搅拌均匀，腌渍 3 分钟入味。
5 热锅注油，放入姜片、花椒爆香，放入鱼骨，炒香，加入小米椒、葱段、酸菜，炒香，注入 700 毫升清水，煮沸，续煮 3 分钟。
6 盛出鱼骨和酸菜，汤底留锅中。
7 将鱼片倒入锅中，放入盐、白糖、胡椒粉、米醋，稍稍拌匀后继续煮至鱼肉微微卷起、变色。将鱼肉盛入碗中，撒上香菜碎即可。

冷吃鱼

材料：草鱼 600 克、干淀粉 100 克、葱段适量、姜片适量、干辣椒 30 克、熟白芝麻适量

调料：料酒 10 毫升、盐适量、鸡粉适量、食用油适量、花椒 30 克

做法

1 干辣椒切成段。
2 草鱼宰杀清洗干净，去头尾，顺鱼背劈成两半，切块。
3 将切好的鱼块用盐、料酒、葱段、姜片腌渍 30 分钟入味。
4 起油锅，油温升至六成时，将鱼块表面裹一层干淀粉，把鱼块放入油锅中，炸至金黄色。
5 捞出油炸好的鱼块，沥干油，待用。
6 热锅留油，倒入炸好的鱼，再倒入干辣椒、花椒翻炒匀。
7 加入适量鸡粉、盐翻炒至入味。
8 关火，将炒好的鱼块盛入盘中，撒上适量熟白芝麻，待冷却后食用味道更好。

剁椒鱼头

材料： 鱼头1个、剁辣椒适量、鱼丸2颗、姜片适量、蒜片适量、蒜末适量、葱段适量、葱花适量、姜末适量

调料： 盐适量、料酒10毫升、胡椒粉3克、食用油适量、鸡精适量

做法

1 鱼头从顶部劈开，清洗干净，用厨房纸水分，再里外均匀地抹上1勺盐，再加入料酒、鸡精、胡椒粉，再放入一些葱段、姜片腌渍15分钟。
2 将蒜片和剩下的葱段、姜片铺在盘中备用。
3 将腌好的鱼头放在盘中，在鱼嘴处放上鱼丸。
4 往剁辣椒中放入少许姜末拌匀，然后把剁辣椒均匀地铺在鱼头上。
5 蒸锅注水烧开，放入鱼头，蒸10分钟，然后关火焖熟。
6 将蒸好的鱼头取出，撒上少许蒜末、葱花。
7 锅中倒入适量食用油，油烧到冒烟时关火。
8 将热油浇在鱼头上即可。

清蒸富贵鱼

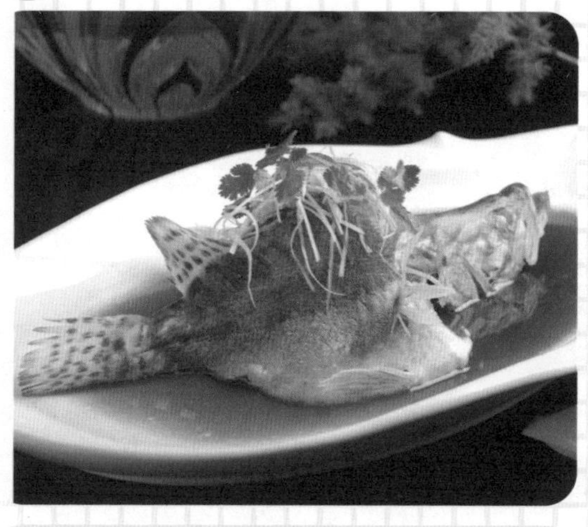

材料： 富贵鱼1条、红椒丝适量、葱丝适量、姜片适量、葱结适量

调料： 蒸鱼豉油8毫升、食用油适量

做法

1 富贵鱼处理干净，鱼肚里塞入姜片、葱结，放入盘中，待用。
2 蒸锅注水烧开，放入富贵鱼，大火蒸8分钟。
3 揭盖，取出蒸好的鱼，拣出姜片和葱结，再放上葱丝、红椒丝。
4 热锅注油烧至五成热，将热油浇在鱼上，周围浇上蒸鱼豉油即可。

糖醋鱼块酱瓜粒

材料：鱼块 300 克、鸡蛋 1 个、黄瓜 40 克

调料：盐适量、鸡粉适量、白糖 3 克、番茄酱 10 克、生粉适量、水淀粉适量、食用油适量

做法

1 洗净的黄瓜切细丁。
2 将鸡蛋打入碗中，撒上适量生粉，加入少许盐，搅散，注入适量清水，拌匀。
3 将鱼块放入蛋液中，搅拌匀。
4 热锅注油，烧至四五成热，放入腌渍好的鱼块，搅匀，用小火炸 3 分钟，至食材熟，透捞沥干油，待用。
5 锅中注入适量清水烧热，加入少许盐、鸡粉，撒上白糖，拌匀。
6 倒入番茄酱，快速搅拌匀，加入水淀粉，调成稠汁，待用。
7 取一个盘子，盛入炸熟的鱼块，浇上酸甜汁，再撒上黄瓜丁即可。

新派水煮鱼

材料：草鱼 1 条、蛋清适量、干辣椒适量、姜片适量、蒜片适量、葱段适量

调料：花椒适量、盐适量、鸡粉 3 克、料酒 10 毫升、生粉适量、豆瓣酱 5 克、食用油适量

做法

1 干辣椒剪去头尾。
2 将草鱼切开，鱼头、鱼尾切断，取鱼骨，切大块，再取鱼肉，用斜刀切片。
3 将鱼肉片装入碗中，加入少许盐、蛋清，撒上适量生粉，拌匀上浆，腌渍约 10 分钟，待用。
4 锅置火上倒入适量食用油，下花椒慢炸约 2 分钟。倒入干辣椒和豆瓣酱，炒出香味和红油，待辣椒变色，捞出花椒、辣椒待用。
5 将蒜片和姜片倒入锅中，炒出香味，再倒入鱼头、鱼尾、鱼骨炒匀，加入适量热水，没过鱼即可。
6 倒入盐、鸡粉、料酒，煮沸后将鱼肉片放入锅中，并用筷子轻轻搅散，煮到鱼肉片变色至熟即可。
7 将锅中的鱼肉装入碗中，放入捞出的花椒、辣椒，淋入热油即可。

木瓜鱼唇煲

材料：去皮木瓜100克、鱼唇90克、鹌鹑蛋80克、蘑菇20克

调料：盐2克、鸡粉2克

做法

1 木瓜肉切块；蘑菇撕成小块。
2 锅中注入适量清水烧开，倒入鱼唇拌匀，加盖，中火煮10分钟。
3 揭盖，倒入木瓜、鹌鹑蛋、蘑菇拌匀，再次盖上盖，中火煮10分钟。
4 揭开盖，加盐、鸡粉拌匀。
5 关火后将煮好的食材盛入碗中即可。

招牌生焗剁椒鱼头

材料：鱼头1个、剁椒100克、泡椒100克、生姜1块

调料：盐2克、料酒15毫升

做法

1 泡椒剁碎；生姜洗净切片；鱼头洗净，对半切开。
2 鱼头放入盆中，加盐、料酒、姜片，拌匀腌渍10分钟。
3 挑去姜片，将鱼头摆入盘中，铺上剁椒，放入烧开的蒸锅，加盖用大火蒸15分钟。
4 取出蒸好的鱼头，浇上热油即可。

PART 4
美味蛋类

香椿炒蛋

材料：香椿 150 克、鸡蛋 1 个

调料：盐适量、味精 3 克、鸡粉适量、食用油适量

做法

1 洗净的香椿切 1 厘米长的段；鸡蛋打入碗中，打散调匀，加盐、鸡粉调匀。
2 用油起锅，倒入蛋液，翻炒至熟，盛出装盘备用。
3 锅中加入 1000 毫升清水烧开，加少许食用油，倒入切好的香椿，煮片刻后捞出。
4 用油起锅，倒入香椿炒匀，加盐、味精、鸡粉炒匀，再倒入煎好的鸡蛋，翻炒匀至入味即可。

番茄炒蛋

材料：番茄 130 克、鸡蛋 3 个、大蒜 10 克

调料：食用油适量、盐 3 克

做法

1 大蒜切片。
2 洗净的番茄去蒂，切成滚刀块。
3 鸡蛋打入碗内，打散。
4 热锅注油烧热，倒入鸡蛋液，炒熟。
5 将炒好的鸡蛋盛入盘中待用。
6 锅底留油，倒入蒜片爆香，倒入番茄块，炒出汁。
7 倒入鸡蛋块，炒匀，加入盐，迅速翻炒入味。
8 关火后将炒好的食材盛入盘中即可。

梅菜蛋蒸肉饼

材料：水发梅菜 80 克、鸡蛋 3 个、葱花适量

调料：盐 2 克

做法

1 梅菜切碎末。
2 鸡蛋打入碗中，搅散，加入适量清水，撒入盐，拌匀。
3 往蛋液中倒入梅菜碎、葱花拌匀，待用。
4 蒸锅注水烧开，放入蛋液，加盖，中火蒸 10 分钟。
5 揭盖，将蒸煮好的蛋羹取出即可。

苦瓜煎鸡蛋

材料：苦瓜 150 克、鸡蛋 2 个

调料：盐少许、鸡粉少许、食粉少许、胡椒粉少许、水淀粉 3 毫升、食用油适量

做法

1 洗净的苦瓜改切成片。
2 锅中倒入清水烧开，加入少许食粉，放入苦瓜，煮 1 分钟。
3 把焯煮好的苦瓜捞出，装盘。
4 鸡蛋打入碗中，加入少许盐、鸡粉。
5 加适量水淀粉、胡椒粉，放入苦瓜，用筷子打散调匀。
6 用油起锅，倒入部分苦瓜蛋液，炒熟。
7 把炒熟的苦瓜鸡蛋盛入原蛋液中，搅拌匀。
8 把混合好的蛋液倒入锅中，小火煎 1 分 30 秒至蛋液成型。
9 将蛋饼翻面，转动炒锅，煎 1 分钟至熟。
10 把煎好的苦瓜蛋饼盛出装盘，凉凉。
11 将苦瓜蛋饼改切成扇形小块，摆入盘中即可。

海鲜蒸蛋

材料：鸡蛋2个、扇贝肉30克、葱花少许

调料：盐2克

做法

1 将鸡蛋打入碗中，加入适量清水，水和蛋的比例2∶1，加入盐，搅拌均匀。

2 轻轻将扇贝肉放入打好的蛋液中，待用。

3 蒸锅注水烧开，放入蛋液，盖上盖，中火蒸8分钟。

4 揭盖，取出蒸好的蛋羹，撒上葱花即可。

鸡肉菠菜蛋饼

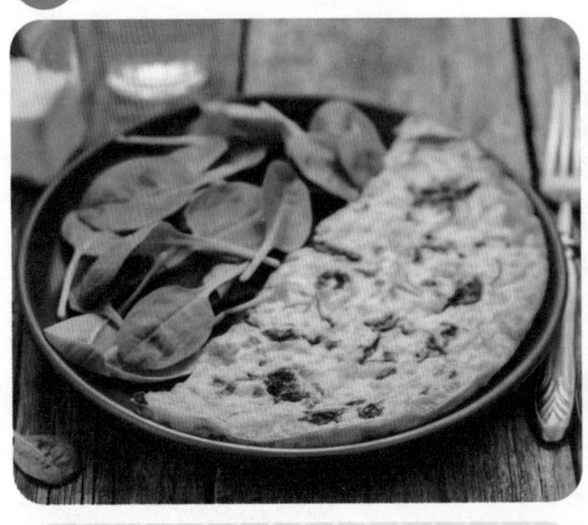

材料：菠菜90克、鸡蛋2个、面粉90克、葱花适量

调料：盐适量、鸡粉2克、食用油适量

做法

1 择洗干净的菠菜切成粒。

2 鸡蛋打入碗中，搅散，待用。

3 锅中注入适量清水烧开，加入少许盐、食用油，倒入切好的菠菜，搅匀，煮半分钟至其断生，捞出，沥干水，凉凉待用。

4 将菠菜倒入蛋液中，加入葱花、盐、鸡粉搅拌均匀，再加入适量面粉，用筷子调匀。

5 煎锅中倒入适量食用油烧热，倒入蛋液，摊成饼状。

6 用小火煎至蛋饼成型，煎出焦香味。

7 将蛋饼翻面，煎至呈金黄色。

8 盛出蛋饼，冷却后切成块摆放在盘中即可。

培根煎蛋

材料：培根 60 克、鸡蛋 2 个、番茄 50 克

调料：盐 2 克、鸡粉 2 克、食用油适量

做法

1 洗净的番茄切成瓣。

2 热锅注油，打入鸡蛋，撒上盐、鸡粉，煎成荷包蛋。

3 将煎好的荷包蛋盛入盘中，待用。

4 锅底留油，放入培根，煎至两面微黄后取出待用。备好一个盘，摆放上荷包蛋、培根、番茄即可。

蔬菜煎蛋

材料：番茄 90 克、鸡蛋 3 个、生菜叶适量

调料：盐 2 克、鸡粉 2 克、食用油适量

做法

1 番茄切片。

2 热锅注油，放入番茄片，煎至熟软后捞出待用。

3 热锅留油，打入鸡蛋，煎成荷包蛋，中途撒上盐、鸡粉调味。

4 将煎好的鸡蛋盛入盘中，放上番茄片，再摆放上生菜叶即可。

肉末蛋卷

材料：鸡蛋3个、肉末90克、胡萝卜80克、黄瓜30克、紫叶生菜适量、绿叶生菜适量

调料：盐3克、鸡粉3克、生抽5毫升、食用油适量

做法

1 胡萝卜切丝；黄瓜切粗条。
2 往肉末中加入盐、鸡粉、生抽拌匀入味。
3 鸡蛋打入碗中，搅散待用。
4 锅内注水烧开，倒入胡萝卜丝，煮至断生后捞出待用。
5 热锅注油，倒入蛋液，煎成蛋皮，盛出，待用。
6 锅底留油，倒入肉末，翻炒至熟，盛出，待用。
7 煎好的蛋皮冷却后，往其中放入胡萝卜、肉末、黄瓜，卷成卷。
8 将鸡蛋卷切成等长的小卷。
9 备好一个便当盒，摆放上鸡蛋卷、生菜即可。

三色蒸水蛋

材料：咸鸭蛋1个、松花蛋1个、鸡蛋2个、葱花适量、香菜适量

调料：盐2克

做法

1 将咸鸭蛋和松花蛋切成小瓣，待用。
2 将鸡蛋打入碗中，加入清水，水和蛋的比例为2:1，加入盐，搅拌均匀。
3 蒸锅注水烧开，放入食材，中火蒸煮10分钟。
4 将蒸好的鸡蛋羹食材取出，摆放上咸鸭蛋、松花蛋，撒上葱花，用香菜点缀即可。

海鲜扒水蛋

材料： 鸡蛋 3 个、鲜虾 30 克、蛤蜊 50 克、红椒丁 10 克、蒜末 20 克、葱花适量

调料： 盐 2 克、鸡粉 2 克、食用油适量

做法

1 鲜虾洗净去虾线；蛤蜊洗净。
2 将鸡蛋打入碗中，加入适量清水，水和蛋的比例为 2 ： 1，搅拌均匀，并放上鲜虾、蛤蜊，待用。
3 蒸锅注水烧开，放入食材，盖上锅盖，蒸 7 分钟。
4 揭盖，取出蒸好的鸡蛋，待用。
5 热锅注油，倒入蒜末、红椒丁炒香，加入盐、鸡粉炒匀。
6 盛出炒好的配料，浇在海鲜上，再撒上葱花即可。

文蛤蒸蛋

材料： 鸡蛋 3 个、胡萝卜 30 克、火腿肠 30 克、蟹棒 30 克、文蛤 150 克、蒜末适量、熟豌豆 10 克

调料： 盐 2 克

做法

1 火腿肠、蟹棒切成细条，改切成丁。
2 胡萝卜去皮，切成条，改切成丁。
3 鸡蛋打入碗中，搅散。
4 往鸡蛋液中加入适量水，水和鸡蛋液的比例为 2:1，加入盐，搅拌匀。
5 鸡蛋液倒入盘中，放入文蛤、火腿肠、蟹棒、胡萝卜，待用。
6 蒸锅注水烧开，放入鸡蛋液，加盖，大火蒸煮 8 分钟。
7 揭盖，取出蒸好的蛋羹，撒上蒜末，熟豌豆待用。
8 热锅注油，烧至五成热，将油浇在蛋羹上即可。

健康蔬菜

清香山药

材料：山药 150 克、黄瓜片少许、圣女果片少许、姜末适量、蒜末适量

调料：盐 2 克、鸡粉 2 克、水淀粉适量、食用油适量

做法

1 将洗净去皮的山药，用工具切成锯齿片。
2 用油起锅，放入姜末、蒜末，爆香。
3 倒入山药片，炒至断生。
4 放入黄瓜片、圣女果片，再加入盐、鸡粉，炒匀调味。
5 倒入水淀粉，用大火快速翻炒片刻，至食材熟软、入味。关火后盛出炒好的菜肴，装在盘中即可。

荷塘小炒

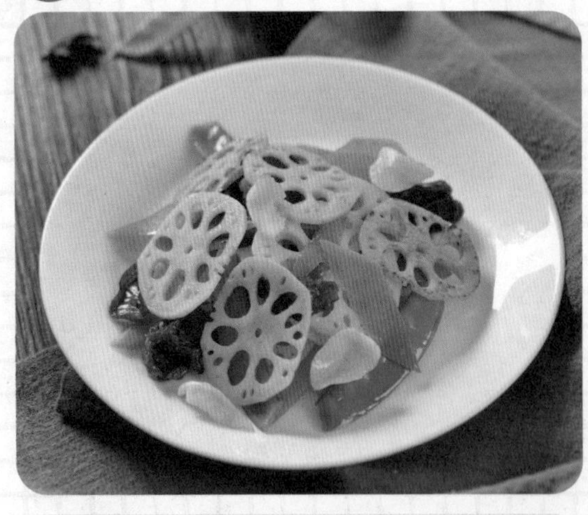

材料：鲜百合 40 克、莲藕 90 克、胡萝卜 40 克、水发木耳 30 克、荷兰豆 30 克、蒜末适量

调料：盐 3 克、鸡粉 3 克、食用油适量

做法

1 莲藕切薄片；胡萝卜切菱形片，木耳切块。
2 荷兰豆择洗干净；鲜百合掰成瓣。
3 热锅注油，倒入蒜末爆香。
4 倒入莲藕、木耳、荷兰豆炒匀。
5 倒入百合，翻炒至食材断生。
6 加入盐、鸡粉炒匀调味。
7 关火后将炒好的食材盛入盘中即可。

水豆豉拌菠菜

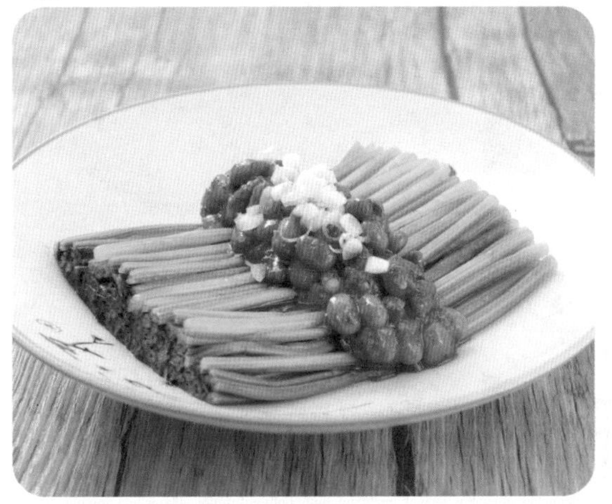

材料：菠菜 150 克、葱白少许

调料：水豆豉 60 克

做法

1 洗净的菠菜切去叶子，将茎切成等长段。
2 葱白切成小段。
3 锅内注入适量清水烧开，倒入菠菜煮至断生。
4 将菠菜捞出，沥干水分，摆放在盘中。
5 倒入准备好的水豆豉即可。

清香茼蒿

材料：茼蒿 100 克、红椒 20 克

调料：盐适量、鸡粉 2 克、食用油适量、生抽适量

做法

1 洗净的茼蒿切段；红椒切丝。
2 锅中注入适量清水烧开，加入少许盐，倒入适量食用油，加入茼蒿、红椒，搅拌匀，煮半分钟。
3 将茼蒿、红椒捞出，沥干水分，装入碗中。
4 加盐、鸡粉、生抽拌匀入味即可。

包菜水晶粉

材料：水发水晶粉条 150 克、包菜 90 克、红椒 30 克、青椒 30 克、蒜末适量

调料：盐 2 克、鸡粉 2 克、生抽适量、食用油适量

做法

1 水晶粉条切成段。
2 青椒切圈；红椒切圈；包菜切成丝。
3 热锅注油，倒入蒜末爆香。
4 倒入粉条炒匀，倒入红椒、青椒炒匀。
5 倒入包菜炒匀，加入盐、鸡粉、生抽，炒匀调味。
6 关火后将炒好的食材盛入盘中即可。

松仁玉米

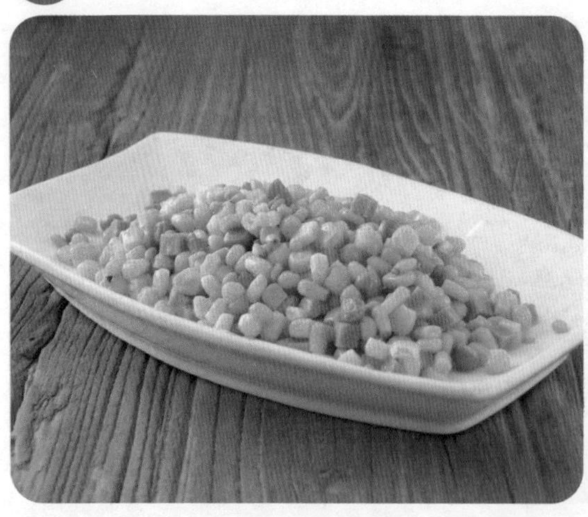

材料：玉米粒 130 克、胡萝卜 50 克、豌豆 40 克、松仁 70 克、火腿肠 30 克、蒜末适量

调料：盐 3 克、鸡粉 3 克、生抽 10 毫升、食用油适量

做法

1 胡萝卜去皮，切丁；火腿肠切丁。
2 锅中注水烧开，倒入豌豆、玉米粒、胡萝卜丁，煮 2 分钟至断生。
3 捞出煮好的食材，沥干水，待用。
4 热锅注油，倒入蒜末爆香。
5 倒入煮好的食材，拌匀。
6 倒入松仁和火腿肠炒匀，加入盐、鸡粉、生抽拌匀调味。
7 关火后将炒好的食材盛入碗中即可。

干锅茶树菇

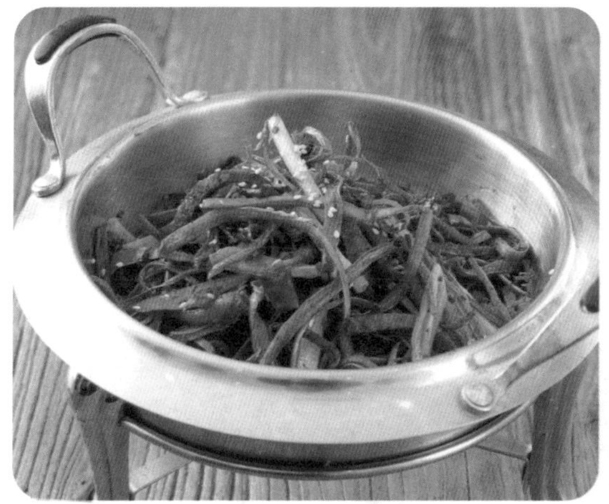

材料：水发茶树菇500克、芹菜100克、青椒适量、红椒适量、干辣椒段少许、白芝麻少许

调料：盐3克、蚝油10毫升、食用油适量

做法

1 茶树菇洗净，撕成条。
2 芹菜洗净，切段。
3 青椒、红椒洗净，切块。
4 起油锅，放入干辣椒段、茶树菇，炒干。
5 放入芹菜、青椒、红椒，炒匀。
6 放入盐、蚝油，炒匀调味。
7 将炒好的食材装入干锅中，撒上白芝麻即可。

春季烩双豆

材料：猪肉80克、山药90克、豌豆200克、蚕豆80克、去皮土豆30克、葱段适量、蒜末适量、姜片适量

调料：盐3克、鸡粉3克、食用油适量

做法

1 猪肉切细丁。
2 去皮山药切细丁；去皮土豆切细丁。
3 锅内注水烧开，倒入豌豆、蚕豆煮至断生后捞出，沥干水，待用。
4 热锅注油，倒入蒜末、姜片爆香。
5 倒入猪肉丁炒香。
6 倒入豌豆、蚕豆炒匀。
7 倒入山药、土豆炒匀，翻炒至食材熟透。
8 加入盐、鸡粉拌匀调味。
9 关火，将炒好的食材盛入盘中即可。

甜椒炒杂蔬

材料：西蓝花60克、洋葱40克、黄彩椒60克、荷兰豆40克、胡萝卜30克、小油菜30克、蒜末少许

调料：盐3克、鸡粉3克、食用油适量

做法

1 西蓝花切小朵；洋葱切块；黄彩椒对半切开，去籽，切成丝。
2 胡萝卜去皮切成丝；小油菜洗净后掰成片。
3 锅中注入适量清水烧开，放入洗净的荷兰豆、西蓝花，焯至断生，捞出，沥干水分，待用。
4 另起锅，注入适量食用油，放入蒜末爆香，倒入胡萝卜丝、洋葱、黄彩椒，翻炒至软。
5 放入小油菜，再倒入焯过水的食材，炒匀。
6 加入盐、鸡粉，炒匀调味即可。

春天的豆豆

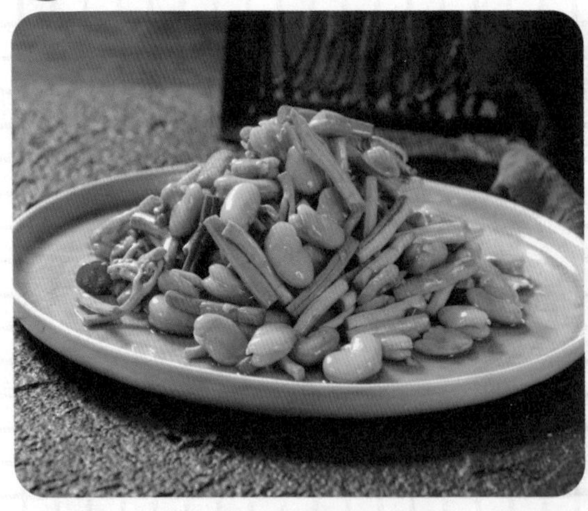

材料：蚕豆100克、朝天椒10克、蕨菜100克、蒜末适量

调料：盐3克、鸡粉3克、生抽5毫升、食用油适量

做法

1 将洗净的蕨菜切成小段；朝天椒切圈。
2 锅内注水烧开，倒入蚕豆，煮至断生后捞出，沥干水分待用。
3 热锅注油，倒入朝天椒、蒜末爆香。
4 倒入蚕豆、蕨菜炒匀。
5 加入盐、鸡粉、生抽，炒匀调味。
6 关火后将炒好的食材盛入盘中即可。

丝瓜豆腐汤

材料：豆腐 250 克、去皮丝瓜 80 克、姜丝少许、葱花少许

调料：盐 1 克、鸡粉 1 克、陈醋 5 毫升、芝麻油少许、老抽少许

做法

1 洗净的丝瓜切厚片。
2 洗好的豆腐切厚片，再切粗条，改切成块。
3 沸水锅中倒入备好的姜丝，放入切好的豆腐块，倒入切好的丝瓜，稍煮片刻至沸腾。
4 加入盐、鸡粉、老抽、陈醋，拌匀，煮约 6 分钟至熟透。
5 关火后盛出煮好的汤，装入碗中，撒上葱花，淋入芝麻油即可。

番茄炒空心菜

材料：番茄 50 克、空心菜 200 克、蒜末适量

调料：盐 2 克、鸡粉 2 克、食用油适量

做法

1 洗净的番茄切成小块。
2 空心菜择成长段，洗净。
3 热锅注油，倒入蒜末爆香。
4 倒入番茄，炒匀。
5 倒入空心菜，加入盐、鸡粉炒匀调味。
6 关火，将炒好的食材盛入碗中即可。

干煸四季豆

材料：四季豆200克、梅干菜50克、干辣椒10克、蒜末适量、葱白适量

调料：盐3克、鸡粉3克、生抽5毫升、豆瓣酱5克、料酒5毫升、食用油适量

做法

1 四季豆洗净，切成长段。
2 热锅注油，烧至四成热，倒入四季豆，滑油片刻，捞出沥干油，待用。
3 锅底留油，倒入蒜末、葱白，再放入洗好的干辣椒爆香。
4 倒入滑油后的四季豆，翻炒匀。
5 放入梅干菜，快速翻炒均匀。
6 加盐、鸡粉、生抽、豆瓣酱、料酒，翻炒至入味。
7 将炒好的食材盛出装盘即可。

小炒土豆片

材料：土豆200克、小米椒10克、葱段适量、蒜末适量、五花肉适量

调料：盐3克、鸡粉3克、生抽5毫升、食用油适量

做法

1 洗净的土豆去皮，切成片。五花肉切薄片。
2 洗净的小米椒切圈。
3 热锅注油，倒入五花肉，煎至微黄；放入蒜末、小米椒爆香。
4 倒入土豆片炒至熟软。
5 放入葱段翻炒匀，加入盐、鸡粉、生抽拌匀调味。
6 关火后将炒好的食材盛入碗中即可。

汗蒸老南瓜

材料：醪糟 80 克、老南瓜 300 克、枸杞适量

做法

1 老南瓜去皮去瓤，切成块，装入碗中，待用。

2 蒸锅注水烧开，放入老南瓜，加盖，用大火蒸约 10 分钟，至食材熟透。

3 揭盖，倒出碗中水，浇上醪糟，加盖，继续蒸煮 5 分钟。

4 揭盖，取出老南瓜，撒上枸杞即可。

莴笋炒百合

材料：莴笋 150 克、洋葱 80 克、百合 60 克

调料：盐适量、鸡粉适量、水淀粉适量、芝麻油适量、食用油适量

做法

1 将去皮洗净的洋葱切成小块；洗好去皮的莴笋切开，用斜刀切成小段，再切成片。

2 锅中注入适量清水烧开，加入少许盐、食用油，倒入莴笋片拌匀略煮，放入洗净的百合，再煮半分钟至食材断生后捞出，沥水待用。

3 用油起锅，放入洋葱块，用大火炒出香味，再倒入焯好的莴笋片和百合炒匀，加入少许盐、鸡粉，炒匀调味，倒入适量水淀粉勾芡，淋入少许芝麻油快速翻炒至食材熟软、入味。

4 关火后将炒好的食材盛入盘中即可。

菠菜豆腐汤

材料：菠菜 120 克、豆腐 200 克、水发海带 150 克

调料：盐 2 克

做法

1 洗净的海带划开，切成小块。
2 洗好的菠菜切段。
3 洗净的豆腐切条，再切成小方块，备用。
4 锅中注入适量清水烧开，倒入切好的海带、豆腐，拌匀，用大火煮 2 分钟。
5 倒入菠菜，拌匀，略煮片刻至其断生。
6 加入盐，拌匀，煮至入味即可。

胡萝卜炒马蹄

材料：去皮胡萝卜 80 克、去皮马蹄 150 克、葱段适量、蒜末适量、姜片适量

调料：盐适量、鸡精 3 克、水淀粉适量、食用油适量、蚝油 5 毫升

做法

1 洗净的马蹄肉切成小块；去皮胡萝卜切成厚片，再雕成花。
2 锅中加 1000 毫升清水烧开，加入盐，倒入胡萝卜、马蹄，略煮至断生后捞出，沥干水分，待用。
3 用油起锅，倒入姜片、蒜末、葱段，爆香。
4 倒入胡萝卜、马蹄，拌炒匀。
5 加入蚝油、盐、鸡精，拌炒约 1 分钟至入味。
6 淋入少许水淀粉勾芡。
7 关火后将炒好的食材盛出装盘即可。

玉米笋炒荷兰豆

材料：玉米笋 80 克、荷兰豆 80 克、去皮胡萝卜 60 克、蒜末适量

调料：盐 2 克、鸡粉 2 克、食用油适量

做法

1 洗净的玉米笋对半切开。
2 胡萝卜切片。
3 热锅注油，倒入蒜末爆香。
4 倒入玉米笋、荷兰豆，炒至断生。
5 倒入胡萝卜片，翻炒匀。
6 加入盐、鸡粉拌匀调味。
7 关火后将炒好的食材盛入盘中即可。

清炒苦瓜

材料：苦瓜 300 克、青椒 60 克、红椒 30 克

调料：盐 3 克、鸡粉 3 克、食用油适量

做法

1 将已洗净的苦瓜去除瓤，切成大小适中的苦瓜片。
2 青椒切块；红椒切丝。
3 锅中加清水，烧开，倒入苦瓜和青椒，煮至断生。
4 将锅中食材捞出待用。热锅注油，倒入苦瓜、青椒、红椒炒匀。
5 加入盐、鸡粉炒匀。
6 关火，将炒好的食材盛入盘中即可。

干锅手撕包菜

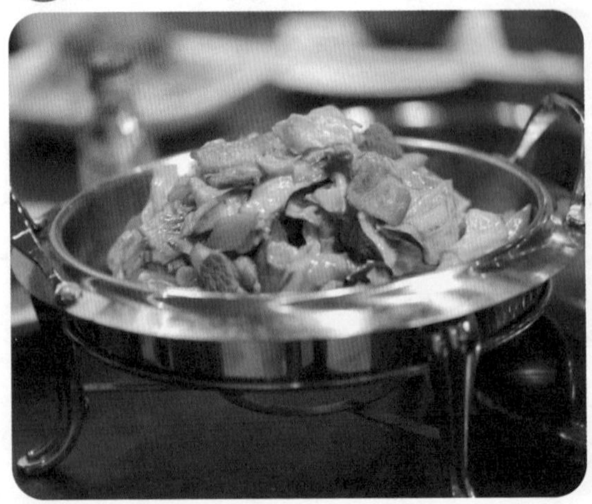

材料：包菜300克、猪肉100克、干辣椒30克、蒜末少许

调料：盐3克、鸡粉3克、生抽10毫升、食用油适量

做法

1 洗净的包菜用手撕成小块，洗净的猪肉切成片，洗净的干辣椒切成段。
2 热锅注油，倒入蒜末、干辣椒爆香。
3 倒入猪肉炒至转色。
4 倒入包菜炒匀，加入盐、鸡粉、生抽炒匀调味。
5 关火后将炒好的食材盛入盘中即可。

清炒小油菜

材料：小油菜100克、红椒30克、蒜末适量

调料：盐2克、鸡粉3克、食用油适量、生抽适量

做法

1 洗净的红椒切开，去籽，切成菱形块。
2 小油菜拆开成片，洗净。
3 热锅注油，倒入蒜末爆香。
4 倒入红椒块、小油菜炒至断生。
5 加入盐、鸡粉、生抽炒匀调味。
6 关火后将炒好的食材盛入盘中即可。

茼蒿红椒丝

材料：茼蒿 200 克、红椒 80 克、蒜末适量

调料：盐 2 克、鸡粉 2 克、生抽 5 毫升、食用油适量

做法

1 茼蒿切成等长段。
2 红椒切开，去籽，切成丝。
3 热锅注油，倒入蒜末爆香。
4 倒入红椒丝炒匀。
5 倒入茼蒿，加入盐、鸡粉、生抽炒匀调味。
6 将食材炒至断生后，盛入盘中即可。

山楂藕片

材料：莲藕 150 克、山楂 95 克

调料：冰糖 30 克

做法

1 将洗净去皮的莲藕切成片。
2 洗好的山楂切开，去除果核，再把果肉切成小块，备用。
3 砂锅中注入适量清水，用大火烧开，放入藕片，倒入切好的山楂。
4 盖上盖，煮沸后用小火炖煮约 15 分钟，至食材熟透。
5 揭盖，倒入冰糖，快速搅拌匀，用大火略煮片刻，至冰糖溶入汤汁中。
6 关火后盛出煮好的汤料，装入汤碗中即可。

丝瓜炒山药

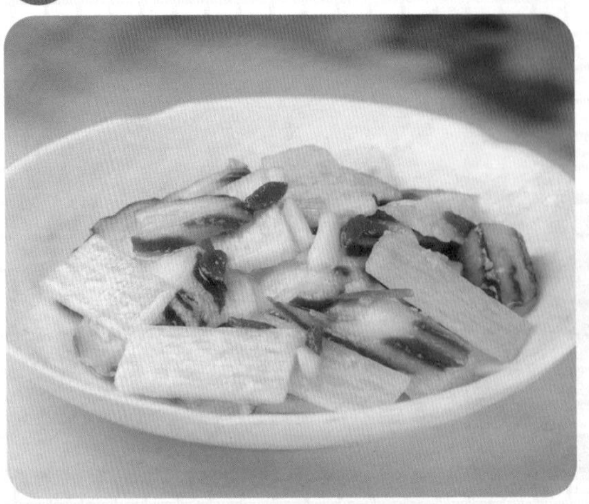

材料：丝瓜 120 克、山药 100 克、枸杞 10 克、蒜末少许、葱段少许

调料：盐适量、鸡粉 2 克、水淀粉 5 毫升、食用油适量

做法

1 将洗净的丝瓜对半切开，切成条形，再切成小块。
2 洗好去皮的山药切段，再切成片。
3 锅中注入适量清水烧开，加入少许食用油、盐，倒入山药片，搅匀，再撒上洗净的枸杞，略煮片刻。
4 再倒入切好的丝瓜，搅拌匀，煮约半分钟，至食材断生后捞出，沥干水分，待用。
5 热油起锅，放入蒜末、葱段，爆香。
6 倒入焯过水的食材，翻炒匀。
7 加入鸡粉、盐，炒匀调味。
8 淋入水淀粉，快速炒匀，至食材熟透。
9 关火后盛出炒好的食材，装入盘中即可。

西葫芦炒木耳

材料：西葫芦 100 克、水发木耳 70 克、红椒片少许、蒜末少许

调料：盐 3 克、蚝油 10 克、料酒 5 毫升、食用油适量

做法

1 将洗净的木耳切小块；西葫芦洗净切片。
2 锅中注入适量清水烧开，加入木耳煮约半分钟，至其断生，捞出沥水待用。
3 用油起锅，放入红椒片、蒜末爆香。
4 放入木耳和西葫芦，快速炒匀，淋入料酒炒匀提味。
5 加入盐、蚝油炒匀调味，用中火翻炒至食材熟透即可。

云腿娃娃菜

材料：娃娃菜 300 克、云腿 50 克

调料：盐 2 克、鸡粉 2 克、水淀粉适量

做法

1 将娃娃菜洗净撕开，切成等长的块；云腿切片。
2 锅中注入适量清水烧开，放入娃娃菜，焯至断生。
3 捞出娃娃菜，盛入盘中待用。
4 继续往锅中倒入云腿，煮到汤汁变白。再倒入娃娃菜，待水烧开后加入盐、鸡粉，拌匀。
5 淋入适量水淀粉勾芡。
6 关火，将娃娃菜装盘，摆上云腿即可。

松仁菠菜

材料：菠菜 270 克、松仁 35 克

调料：盐适量、鸡粉 2 克、食用油 15 毫升

做法

1 洗净的菠菜切三段。
2 冷锅中倒入适量油，放入松仁，用小火翻炒至香味飘出。
3 关火后盛出炒好的松仁，装盘待用。
4 往松仁里撒上盐，拌匀，待用。
5 锅留底油，倒入切好的菠菜，用大火翻炒 2 分钟至熟。
6 加入盐、鸡粉，炒匀。
7 关火后盛出炒好的菠菜，装盘待用。
8 撒上拌好盐的松仁即可。

PART 6

各式汤羹

板栗龙骨汤

材料：龙骨块 400 克、板栗 100 克、玉米段 100 克、胡萝卜块 100 克、姜片 7 克

调料：料酒 10 毫升、盐 4 克

做法

1 砂锅中注入适量清水烧开，倒入处理好的龙骨块，加入料酒、姜片，拌匀，加盖，大火烧片刻。
2 揭盖，撇去浮沫，倒入玉米段，拌匀，盖上盖，小火煮 1 小时至析出有效成分。
3 揭开盖，加入洗好的板栗，拌匀，盖上盖，小火续煮 15 分钟至熟。
4 揭盖，倒入洗净的胡萝卜块，拌匀，再盖上盖，小火续煮 15 分钟至食材熟透。
5 揭开盖，加入盐，搅拌片刻至入味。
6 关火，将煮好的汤盛出，装入碗中即可。

双仁菠菜猪肝汤

材料：猪肝 200 克、柏子仁 10 克、酸枣仁 10 克、菠菜 100 克、姜丝少许

调料：盐 2 克、鸡粉 2 克、食用油少许

做法

1 把柏子仁、酸枣仁装入食品隔渣袋中，收紧口袋，备用；洗好的菠菜切成段，处理好的猪肝切成片，备用。
2 砂锅中注入适量清水烧热，放入备好的食品隔渣袋，盖上盖，用小火煮 15 分钟，揭开盖，取出食品隔渣袋，放入姜丝，淋入少许食用油，倒入猪肝片拌匀，放入菠菜段，搅拌至水沸，放入盐、鸡粉后再搅拌片刻，至汤汁味道均匀。关火后盛出煮好的汤，盛入碗中即可。

淡菜竹笋筒骨汤

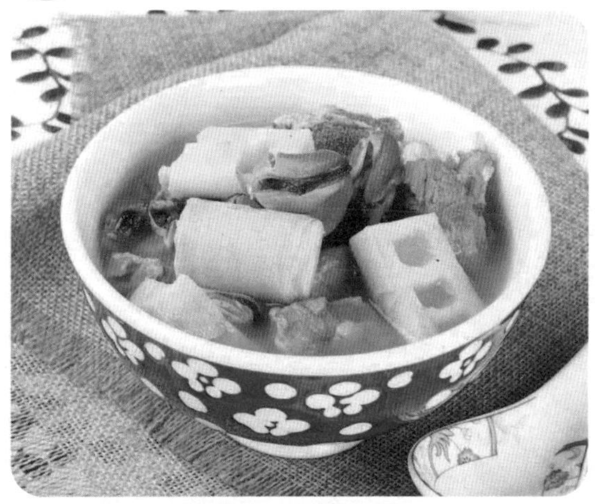

材料：竹笋 100 克、筒骨 120 克、水发淡菜 50 克

调料：盐 1 克、鸡粉 1 克、胡椒粉 2 克

做法

1 洗净的竹笋切去底部，横向对半切开，切小段。
2 沸水锅中放入洗净的筒骨，汆烫约 2 分钟至去除腥味和脏污。
3 捞出汆烫好的筒骨，沥干水分，装碗待用。
4 砂锅注水烧热，放入汆烫好的筒骨，倒入泡好的淡菜。
5 放入切好的竹笋，搅匀。
6 加盖，用大火煮开后转小火续煮 2 小时至汤水入味。
7 揭盖，加入盐、鸡粉、胡椒粉，搅匀调味。
8 盛出煮好的淡菜竹笋筒骨汤，装碗即可。

香菇肉片汤

材料：新鲜香菇 45 克、瘦肉 80 克、姜片适量

调料：盐适量、鸡粉适量、水淀粉适量、食用油适量

做法

1 洗净的香菇切去蒂，改切成条，再切成小块。
2 洗好的瘦肉切成薄片。
3 将肉片装入碗中，加入适量盐、鸡粉、水淀粉，拌匀，淋入少许食用油，腌渍 10 分钟。
4 炒锅中倒入适量食用油烧热，放入姜片，爆香。
5 倒入约 700 毫升清水，放入香菇，用锅铲搅拌匀。
6 盖上盖，用大火烧开后续煮 1 分钟至熟。
7 揭盖，放入盐、鸡粉，下入肉片，搅拌均匀，用大火煮 1 分钟至肉片熟透。
8 将煮好的汤料盛入汤碗中即可。

小白菜豆腐汤

材料： 小白菜150克、豆腐300克、葱花少许

调料： 盐3克、鸡粉2克、芝麻油适量、食用油适量

做法

1 将洗净的小白菜切成两段，盛入碗中。
2 洗好的豆腐切成小方块，装盘备用。
3 锅中注入适量清水烧开，加食用油、盐、鸡粉。
4 倒入豆腐，煮约2分钟。
5 放入小白菜，煮约1分钟至熟。
6 淋入芝麻油，拌匀。
7 关火，将汤盛出，盛入碗中。
8 撒上葱花即可。

鱼蛋汤河粉

材料： 鱼丸5个、河粉300克、葱花适量、炸腐竹30克、咸菜少许

调料： 盐3克、鸡粉3克、生抽适量、香油适量

做法

1 锅内注水烧开，倒入河粉烫煮一会儿，捞出放入碗中。
2 接着将鱼丸放入沸水锅中煮至熟软，捞出，待用。
3 备好一个碗，加入盐、鸡粉、生抽、香油，倒入河粉，再摆放上鱼丸、炸腐竹，撒上葱花、咸菜即可。

凉瓜红豆排骨汤

材料：红豆 30 克、苦瓜块 70 克、猪骨 100 克、高汤适量

调料：盐 2 克

做法

1 锅中注入适量清水烧开，倒入洗净的猪骨，搅散，汆煮片刻。
2 捞出汆煮好的猪骨，沥干水分，过一次冷水，备用。
3 砂锅中倒入适量高汤，加入汆过水的猪骨，再倒入备好的苦瓜、红豆，搅拌片刻。
4 盖上锅盖，用大火煮 15 分钟后转中火煮 1 ~ 2 小时至食材熟软。
5 揭开锅盖，加入盐调味，搅拌均匀至食材入味。
6 盛出煮好的汤料，装入碗中，待稍微放凉即可食用。

灌汤粑粑肉

材料：肉卷 1 筒、高汤 1 升、葱花少许、枸杞少许

调料：盐 2 克、胡椒粉 2 克

做法

1 将肉卷切成片，码放入碗中。
2 高汤加盐、胡椒粉，拌匀，浇入碗内。
3 将食材放入烧开的蒸锅中，加盖，大火蒸 15 分钟。
4 取出蒸好的食材，放上葱花、枸杞即可。

冬瓜排骨汤

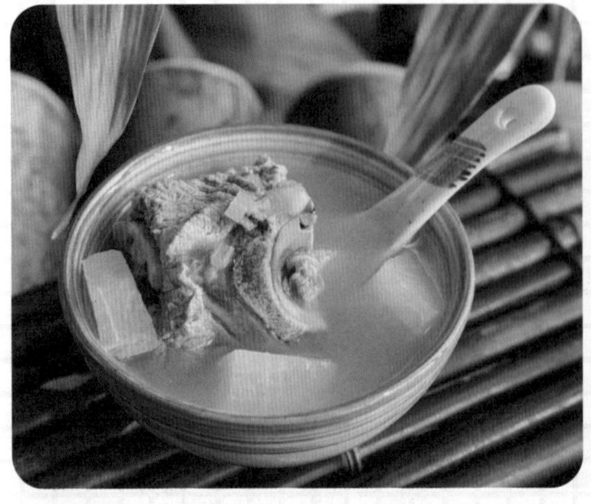

材料： 去皮冬瓜 200 克、排骨 500 克、姜片少许

调料： 盐 3 克、鸡粉 3 克、胡椒粉 5 克、料酒适量

做法

1 将去皮洗净的冬瓜切长方块，装盘。
2 洗净的排骨斩成段，装入盘中。
3 锅中注入适量清水，倒入排骨，大火加热煮沸，汆去血水。
4 将汆煮好的排骨捞出，沥干水，装盘备用。
5 锅中另加适量清水烧开，倒入排骨，放入姜片，倒入切好的冬瓜，淋入料酒，加入盐、鸡粉、胡椒粉，加盖，小火炖 1 小时。
6 揭盖，将煮好的汤盛入碗中即可。

泉水时蔬汤

材料： 白菜 60 克、豆腐 100 克

调料： 盐 3 克、鸡粉 3 克、食用油适量、芝麻油少许

做法

1 将洗净的白菜切成段，装入碗中。
2 洗好的豆腐切成小方块，装盘备用。
3 锅中注入适量清水烧开，加少许食用油、盐、鸡粉，倒入豆腐，煮约 2 分钟。
4 放入白菜，煮约 1 分钟至熟。
5 淋入少许芝麻油，拌匀。
6 关火，将汤盛入碗中即可。

玉米土豆清汤

材料：土豆块 120 克、玉米段 60 克、葱花少许

调料：盐 2 克、鸡粉 3 克、胡椒粉 2 克

做法

1 锅中注水烧开，放入土豆块和玉米段，拌匀。
2 盖上锅盖，用中火煮约 20 分钟至食材熟透。
3 打开锅盖，加盐、鸡粉、胡椒粉调味。
4 拌煮片刻至入味。
5 关火后盛出煮好的汤，盛入碗中，撒上葱花即可。

牛肉白萝卜丝汤

材料：牛肉 300 克、白萝卜 300 克、姜片少许、葱段少许

调料：盐 3 克、鸡粉 3 克、食用油少许

做法

1 牛肉洗净；白萝卜洗净去皮，切成丝。
2 锅中注入适量清水，放入牛肉，汆去血水，捞出沥干水，切成丝。
3 砂锅中注入适量清水，放入姜片，倒入少许食用油，待水开后放入牛肉丝煮开，再用小火慢煮 20 分钟。
4 下入白萝卜丝，继续煮 10 分钟。
5 放入葱段，加入盐、鸡粉，拌匀。
6 关火，将煮好的汤盛入碗中即可。

土豆胡萝卜三文鱼汤

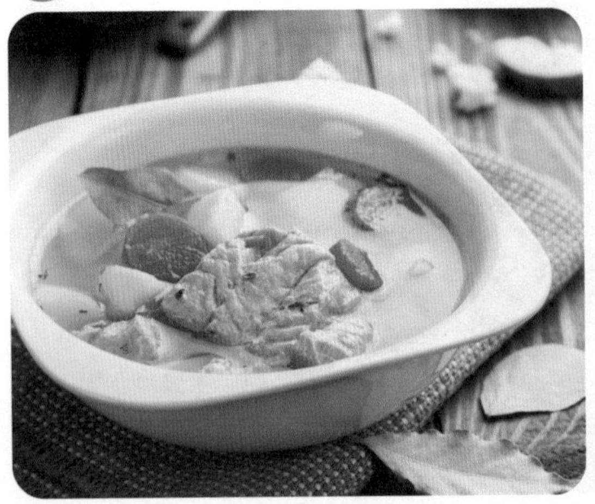

材料：三文鱼 150 克、土豆 150 克、胡萝卜 75 克、香叶少许、香菜末少许

调料：黄油 10 克、味噌 10 克、黑胡椒粉适量

做法

1 土豆洗净去皮，切成滚刀块；胡萝卜洗净去皮，切成块；香叶洗净。

2 三文鱼洗净，切成大块。

3 锅中注入适量清水，倒入切好的土豆和胡萝卜，放入少许香叶，盖上盖，煮 10 分钟至食材熟软。

4 揭开盖，放入三文鱼，煮沸后继续煮 3 分钟，放入味噌，搅拌匀，再放入黄油，煮 1 分钟，拌匀。

5 将煮好的汤盛入碗中，撒上黑胡椒粉和香菜末即可。

蘑菇猪肚汤

材料：蘑菇 70 克、猪大肠 300 克、姜片适量、水发枸杞 10 克、葱段适量

调料：盐 3 克、鸡粉 3 克、料酒适量、食用油适量

做法

1 蘑菇切块。

2 锅中注入适量清水烧开，倒入洗净的猪肠，拌匀，加入适量料酒，用大火煮约 5 分钟，汆去异味。

3 捞出猪大肠，放凉后将其切成小段，备用。

4 用油起锅，放入姜片，爆香，倒入猪肠，炒匀，淋入料酒，炒香，撒上葱段，炒出香味。

5 注入适量热水，用大火煮沸，撇去浮沫。

6 倒入蘑菇，盖上盖，用中火煮约 10 分钟至食材熟透。

7 揭盖，加入盐、鸡粉、枸杞，拌匀后盛入盘中即可。

双菇蛤蜊汤

材料：蛤蜊 150 克、白玉菇段 100 克、香菇块 100 克、姜片少许、葱花少许

调料：鸡粉 2 克、盐 2 克、胡椒粉 2 克

做法

1 锅中注入适量清水烧开，倒入洗净切好的白玉菇、香菇。
2 倒入备好的蛤蜊、姜片，搅拌均匀，盖上盖，煮约 2 分钟。
3 揭开盖，放入鸡粉、盐、胡椒粉，拌匀调味。
4 盛出煮好的汤料，装入碗中，撒上葱花即可。

黄花菜猪肚汤

材料：熟猪肚 140 克、水发黄花菜 200 克、姜片少许、葱花少许

调料：盐 3 克、鸡粉 3 克、料酒 8 毫升

做法

1 熟猪肚切成条，备用；水发黄花菜去蒂，备用。
2 砂锅中注入适量清水，放入切好的熟猪肚，加入姜片，淋入料酒，盖上锅盖，用小火煮 20 分钟，揭开锅盖，倒入处理好的黄花菜，用勺搅匀，盖上盖，续煮 15 分钟至全部食材熟透，揭盖，加入盐、鸡粉，搅匀调味。
3 关火后盛出煮好的汤，盛入碗中，撒上葱花即可。

玉米胡萝卜鸡肉汤

材料：鸡肉块 350 克、玉米块 170 克、胡萝卜 120 克、姜片少许

调料：盐 3 克、鸡粉 3 克、料酒适量

做法

1 洗净的胡萝卜切开，改切成小块，备用。
2 锅中注入适量清水烧开，倒入洗净的鸡肉块，加入料酒，拌匀，用大火煮沸，汆去血水，撇去浮沫，把汆煮好的鸡肉块捞出，沥干水分，待用。
3 砂锅中注入适量清水烧开，倒入汆过水的鸡肉块，放入胡萝卜块、玉米块，撒入姜片，淋入料酒，拌匀。
4 盖上盖，烧开后用小火煮约 1 小时至食材熟透，揭盖，放入盐、鸡粉，拌匀调味，关火后盛出煮好的汤即可。

鸽蛋蔬菜汤

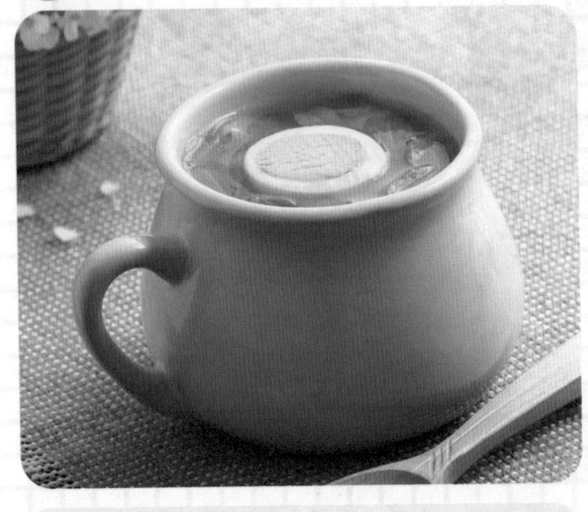

材料：鸽蛋 2 颗、小油菜 50 克、肉末 100 克

调料：食用油适量、盐适量

做法

1 将肉末洗净；上海青洗净切末。
2 鸽蛋入沸水锅煮 8 分钟后捞出，放入凉水中，剥壳，对半切开备用。
3 起锅，倒入适量食用油，下入肉末炒至变色。
4 加入适量水，煮沸后加入切好的小油菜、鸽蛋，拌匀。
5 加入适量盐，拌匀调味，水开后即可盛出食用。

鸡内金羊肉汤

材料： 羊肉 320 克、大枣 25 克、鸡内金 30 克、姜片少许、葱段少许

调料： 盐 2 克、鸡粉 1 克、料酒适量

做法

1 将洗净的羊肉切开，再切成条形，改切成丁。

2 锅中注入适量清水烧开，倒入羊肉，拌匀，汆去血水，捞出，沥干水分，待用。

3 砂锅中注入适量清水烧热，倒入备好的鸡内金、姜片、葱段，放入大枣，拌匀，盖上盖，煮开后用小火煮 15 分钟。

4 揭盖，倒入羊肉，淋入少许料酒，再盖上盖，煮开后用小火续煮 1 小时。

5 揭开盖，加入盐、鸡粉，拌匀，用中小火续煮 10分钟至食材入味。

6 揭盖，搅拌匀，关火后盛出煮好的汤料即可。

猪血山药汤

材料： 猪血 270 克、山药 70 克、葱花少许

调料： 盐 2 克、胡椒粉少许

做法

1 洗净去皮的山药切斜刀段，改切厚片，备用；洗好的猪血切开，改切小块，备用。

2 锅中注入适量清水烧热，倒入猪血块，拌匀，汆去污渍，捞出猪血块，沥干水分，待用。

3 另起锅，注入适量清水烧开，倒入猪血块、山药片，盖上盖，烧开后用中小火煮约 10 分钟至食材熟透，揭开盖，加入盐拌匀，关火后待用。

4 取一个汤碗，撒入少许胡椒粉，盛入锅中的汤，撒上葱花即可。

家常牛肉汤

材料： 牛肉 200 克、土豆 150 克、番茄 100 克、姜片少许、枸杞少许、葱花少许

调料： 盐 2 克、鸡粉 2 克、胡椒粉适量、料酒适量

做法

1 把洗净的牛肉切成牛肉丁；去皮洗净的土豆切开，切成大块；洗好的番茄切开，切去蒂，再切成块。

2 砂煲中注入适量清水，用大火煮沸，放入姜片、洗净的枸杞，倒入牛肉丁，淋入少许料酒，拌匀，用大火煮沸，撇去浮沫。

3 盖上盖，用小火煲煮约 30 分钟至牛肉熟软。

4 揭盖，倒入切好的土豆、番茄，再次盖上盖，煮约 15 分钟至食材熟透。

5 揭开盖，加入盐、鸡粉、胡椒粉，拌煮均匀至入味。

6 将煮好的牛肉汤盛放在汤碗中，撒上葱花即可。

浓汤老虎蟹

材料： 娃娃菜 100 克、杏鲍菇 80 克、老虎蟹 200 克、芝士片 40 克、口蘑适量、葱段适量、姜片适量、番茄适量

调料： 盐 3 克、鸡粉 3 克、胡椒粉 3 克、食用油适量

做法

1 洗净的杏鲍菇切段，改切成片；处理好的娃娃菜切开，切粗丝。

2 洗净的番茄对切开，去蒂，切片，切条，改切成丁。

3 锅中注入适量的清水烧开，倒入口蘑、杏鲍菇，搅拌匀，汆至断生，捞出，沥干水分，待用。

4 热锅注油烧热，倒入葱段、姜片，爆香，加入处理好的老虎蟹，翻炒至转色。

5 加入番茄，翻炒片刻，注入适量的清水，搅拌，煮至沸，倒入汆过水的食材，略煮片刻，撇去浮沫。

6 加入娃娃菜、芝士片，搅拌匀，煮至熟软。

7 放入盐、鸡粉、胡椒粉，搅拌调味即可。

香菇肉片汤

材料：丝瓜160克、新鲜香菇45克、瘦肉80克、葱花少许、姜片少许

调料：盐3克、鸡粉3克、水淀粉适量、食用油适量

做法

1 洗净的新鲜香菇切去蒂，改切成条，再切成小块。

2 洗好的瘦肉切成薄片。

3 把瘦肉片盛入碗中，加入一部分盐和鸡粉、水淀粉，拌匀。

4 淋入少许食用油，腌渍10分钟。

5 炒锅中倒入适量食用油烧热，放入姜片，爆香。

6 倒入丝瓜，翻炒均匀。

7 倒入约700毫升清水。

8 放入香菇，用锅铲搅拌匀。

9 盖上盖，用大火烧开后续煮1分钟至熟。

10 揭盖，放入剩余的盐和鸡粉，下入瘦肉片，搅拌均匀，用大火煮1分钟至肉片熟透。

11 把汤盛入碗中，再撒入葱花即可。

枸杞海参汤

材料：海参300克、香菇15克、枸杞10克、姜片少许、葱花少许

调料：盐2克、鸡粉2克、料酒5毫升

做法

1 砂锅中注入适量的清水大火烧热。

2 放入海参、香菇、枸杞、姜片。

3 淋入料酒，搅拌片刻。

4 盖上锅盖，煮开后转小火煮1小时至熟透。

5 掀开锅盖，加入盐、鸡粉，搅拌匀并煮开，使食材入味。

6 关火，将煮好的汤盛入碗中，撒上葱花。

排骨莲藕汤

材料： 排骨 400 克、莲藕 200 克、玉竹 60 克、花生米 50 克、大枣适量、姜片适量

调料： 盐 2 克、鸡粉 2 克

做法

1 排骨斩成块。
2 莲藕切成块。
3 锅内注水烧开，倒入排骨，汆去血水后捞出，沥干水，待用。
4 取砂锅，倒入姜片、排骨、莲藕、玉竹、花生米、大枣，拌匀，盖上锅盖，大火煮开后转小火煮 1 小时。
5 揭盖后，加入盐、鸡粉拌匀调味。
6 关火后将煮好的汤盛入碗中即可。

山药玉米汤

材料： 玉米粒 70 克、去皮山药 150 克

调料： 盐 2 克、鸡粉 2 克、食用油适量

做法

1 去皮山药切成小块。
2 锅中注入适量清水烧开，倒入玉米、山药拌匀。
3 加盖，中火煮 15 分钟。
4 揭盖，加入盐、鸡粉、食用油拌匀调味。
5 关火后将汤汁盛入碗中即可。

海带排骨汤

材料： 排骨 260 克、水发海带 100 克、姜片 4 克

调料： 盐 3 克、鸡粉 2 克、料酒 5 毫升

做法

1 泡好的海带切小块。
2 沸水锅中倒入洗好的排骨，汆煮一会儿至去除血水和脏污。
3 捞出汆好的排骨，沥干水分，装碗待用。
4 取出电饭锅，打开盖子，通电后倒入汆好的排骨，放入切好的海带。
5 加入料酒，放入姜片，加入适量清水至没过食材，搅拌均匀。
6 盖上盖子，，煮 90 分钟至食材熟软。
7 打开盖子，加入盐、鸡粉，搅匀调味。
8 断电后将煮好的汤装碗即可。

白果炖鸡汤

材料： 鸡肉 200 克、白果 90 克、姜片适量、葱段适量

调料： 盐 3 克、胡椒粉 3 克

做法

1 鸡肉洗净，切块。
2 砂煲置旺火上，加适量水，放入姜片、葱段。
3 再倒入鸡肉和白果。
4 盖盖，烧开后转小火煲 2 小时。
5 揭盖，调入盐、胡椒粉拌匀。
6 挑去葱段、姜片。
7 将煮好的食材盛入碗中即可。

猪心豆芽汤

材料：猪心 150 克、绿豆芽 50 克、油条 1 根、干辣椒少许、蒜瓣少许、葱花少许

调料：盐适量、生粉适量、香醋 2 毫升、水淀粉适量、食用油适量

做法

1 猪心泡入清水中，洗去血水，加入适量生粉和盐抓匀。

2 绿豆芽洗净；油条切成段，备用。

3 油锅烧热，加入干辣椒炒至变色，加入拍扁的蒜瓣，炒出香味。

4 加入猪心翻炒，炒至九成熟。

5 加入绿豆芽，翻炒变软，加入香醋，淋入水淀粉，搅匀。

6 将汤盛出，撒上葱花，摆放上油条即可。

蔬菜鸡肉汤

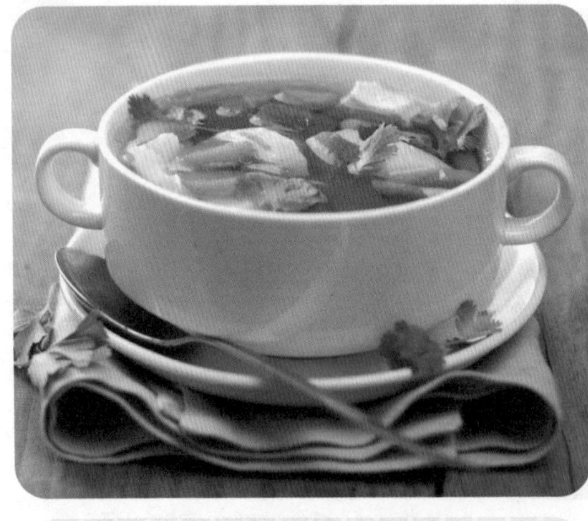

材料：红椒 50 克、胡萝卜 80 克、鸡肉 200 克、土豆 80 克、香菜适量

调料：盐 2 克、鸡粉 2 克、食用油适量

做法

1 洗净的土豆去皮，切小块；红椒对半切开，去籽，切块；胡萝卜去皮，切小块。

2 鸡肉剁成块。

3 锅内注入适量清水煮开，倒入鸡肉，汆去脏污，捞出，沥干水待用。

4 砂锅中注水烧开，倒入鸡肉、胡萝卜、土豆、红椒拌匀，加盖，中火煮 20 分钟。

5 揭盖，加入盐、鸡粉拌匀调味。

6 将煮好的汤盛入碗中，撒上香菜即可。

虾丸白菜汤

做法

1 洗净的白菜切成段。
2 热锅注水，倒入虾丸，煮至熟软。
3 倒入白菜、鸡肉丸，加入盐、鸡粉拌匀调味。
4 煮至沸腾后，将食材盛入碗中即可。

材料：白菜 70 克、虾丸 4 个、鸡肉丸 2 个

调料：盐 2 克、鸡粉 3 克

虾仁汤面

做法

1 虾仁去掉虾线。
2 取一碗，加入盐、鸡粉、生抽待用。
3 锅内注入适量清水烧开，倒入手工面，煮至熟软。
4 捞出面条放入碗中。
5 虾仁放入沸水中，煮至变红，捞出，放入面中即可。

材料：手工面 200 克、虾仁 60 克

调料：盐 2 克、鸡粉 2 克、生抽 5 毫升

海带筒骨汤

材料：筒骨 400 克、海带 100 克、姜片少许、葱少许

调料：盐适量

做法

1 将海带切成小条块，再将海带打结。

2 锅中注入适量清水烧开，放入筒骨，氽去血水和脏污。

3 捞出氽好的筒骨，放入凉水里浸泡，待用。

4 取砂锅，倒入海带、筒骨，放入姜片，加足量清水，盖上盖，用大火煮开后，转小火煮 1 小时。

5 揭开盖，加入适量盐，拌匀调味。

6 关火，将煮好的汤料盛出，装入碗中即可。

橄榄白萝卜排骨汤

材料：排骨段 300 克、白萝卜 300 克、青橄榄 25 克、姜片少许、葱花少许

调料：盐 2 克、鸡粉 2 克、料酒适量

做法

1 洗净去皮的白萝卜切成厚块，改切成小块。

2 锅中注入适量清水烧开，放入洗好的排骨段，拌匀，煮约 1 分钟。

3 捞出氽好的排骨，沥干水分，待用。

4 砂锅中注入适量清水烧热，倒入氽过水的排骨，放入洗净的青橄榄。

5 撒上姜片，淋入少许料酒，加盖，烧开后用小火煮约 1 小时至食材熟软。

6 揭盖，放入白萝卜块，再盖上盖，煮沸后用小火续煮约 20 分钟至食材熟透。

7 揭开盖，加入盐、鸡粉，搅拌至食材入味。

8 关火后盛出煮好的汤料，装入汤碗中，撒入葱花即可。

土豆疙瘩汤

材料：土豆 40 克、南瓜 45 克、水发粉丝 55 克、面粉适量、蛋黄少许、葱花少许

调料：盐适量、食用油适量

做法

1 将去皮洗净的土豆切成丝；去皮洗好的南瓜切成丝。
2 洗好的粉丝切成小段，装入碗中，倒入蛋黄，搅拌匀。
3 加入少许盐，搅散，拌匀，撒上适量面粉，搅至起劲，制成面团，待用。
4 煎锅中注入少许食用油烧热，放入土豆、南瓜，炒至食材断生。
5 关火后盛出炒制好的食材，装在盘中，待用。
6 汤锅中注入适量清水烧开，再把备好的面团用小汤勺分成数个剂子，下入锅中，轻轻搅动，用大火煮约 2 分钟至剂子浮起。
7 放入炒制好的蔬菜，调入少许盐，用中火续煮片刻至入味。
8 关火后盛出煮好的疙瘩汤，放入小碗中，撒上葱花即可。

玉米骨头汤

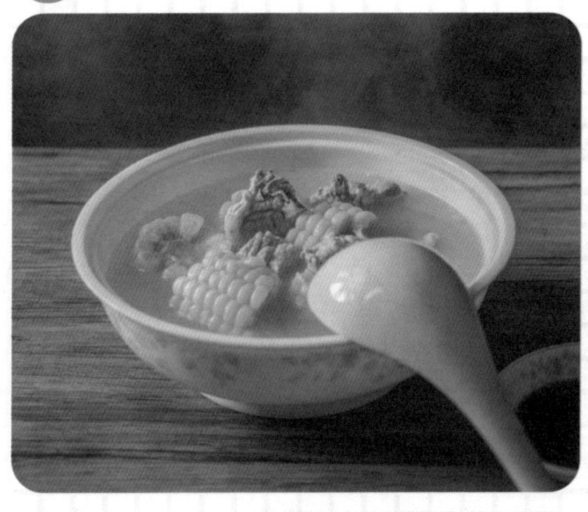

材料：玉米 100 克、猪骨头 400 克、姜片适量

调料：盐 3 克、鸡粉 3 克、胡椒粉 3 克、食用油适量

做法

1 玉米切成段。
2 锅中注入适量的清水大火烧开，倒入洗净的猪大骨，汆去血水和杂质。
3 将猪大骨捞出，沥干水分，待用。
4 砂锅中注入适量的清水大火烧开，倒入猪大骨、姜片、玉米，搅拌匀，盖上锅盖，大火煮开后转小火炖 1 小时。
5 掀开盖，加入盐、鸡粉、胡椒粉，搅拌调味。
6 将煮好的汤盛入碗中即可。

麦冬雪梨汤

材料：雪梨 2 个、麦冬 10 克、水发银耳 40 克

调料：冰糖适量

做法

1 麦冬洗净后浸泡 1 小时。
2 雪梨洗净，将顶部切下，用勺子挖出核。
3 将麦冬、银耳和冰糖放入挖空的雪梨内，将切下的雪梨顶部盖上，待用。
4 将雪梨放入炖盅里，注入适量水，隔水蒸 1 小时即可。

人参大枣汤

材料：人参 10 克、大枣 15 克

做法

1 砂锅中注入适量清水烧热。
2 倒入洗好的大枣、人参，拌匀。
3 盖上盖，煮开后用小火煮 30 分钟至药材析出有效成分。
4 揭盖，关火后盛出煮好的药汤，装入碗中，趁热饮用即可。

南瓜小番茄汤

材料：小南瓜 230 克、小番茄 70 克、去皮胡萝卜 45 克、苹果 110 克

调料：蜂蜜 30 毫升

做法

1 洗净的胡萝卜切滚刀块。
2 洗好的苹果切块。
3 洗净的小南瓜切大块，待用。
4 砂锅中注入适量清水烧开，倒入胡萝卜、苹果、小南瓜、小番茄，拌匀。
5 加盖，大火煮开后转小火煮 30 分钟至熟。
6 揭盖，加入蜂蜜，搅拌片刻至入味即可。

椰奶花生汤

材料：花生 100 克、去皮芋头 150 克、牛奶 200 毫升、椰奶 150 毫升

调料：白糖 30 克

做法

1 洗净的芋头切厚片，切粗条，改切成块。
2 锅中注入适量清水烧开，倒入花生、切好的芋头，拌匀。
3 盖上盖，用大火煮开后转小火续煮 40 分钟至食材熟软。
4 揭盖，倒入牛奶、椰奶，拌匀，再次盖上盖，用大火煮开。
5 揭开盖，加入白糖，搅拌至白糖完全溶化。
6 关火后盛出煮好的甜汤，装碗即可。

木耳芝麻甜汤

材料：水发珍珠木耳 150 克、黑芝麻 30 克

调料：白糖 6 克

做法

1 砂锅中注入适量清水烧开，放入洗净的珍珠木耳、黑芝麻，拌匀。

2 加盖，大火煮开后转小火煮 35 分钟至熟透。

3 揭盖，加入白糖，稍稍搅拌至入味。

4 关火后盛出煮好的汤，装入碗中即可。

枸杞白菜汤

材料：白菜 1 颗、水发枸杞子 10 克

调料：盐 2 克

做法

1 将白菜洗净，切成小瓣；水发枸杞子冲洗干净。

2 锅中注水烧开，放入白菜瓣，煮至熟软，倒入水发枸杞子，再撒上盐，续煮 2 分钟即可。

南瓜绿豆汤

材料： 水发绿豆 150 克、南瓜 180 克

调料： 盐 2 克、鸡粉 2 克

做法

1 将洗净去皮的南瓜切厚片，再切成小块，放在盘中，待用。

2 砂锅中注入适量清水烧开，放入洗净的绿豆，盖上盖，煮沸后用小火煮约 30 分钟，至绿豆熟软。

3 揭开盖，倒入切好的南瓜，搅拌匀。

4 盖上盖，用小火续煮约 20 分钟，至全部食材熟透。

5 取下盖子，搅拌一会儿，使食材浮起，加入盐、鸡粉，搅匀调味，续煮片刻，至食材入味。

6 关火后盛出煮好的绿豆汤，装入汤碗中即可。

太子参百合甜汤

材料： 鲜百合 50 克、大枣 15 克、太子参 8 克

调料： 白糖 15 克

做法

1 砂锅中注入适量清水烧开，倒入洗净的太子参、大枣，放入洗好的鲜百合。

2 盖上盖，煮沸后用小火煮约 20 分钟，至食材熟软。

3 揭盖，撒上白糖，搅拌匀，转中火再煮片刻，至白糖完全溶化。

4 关火后盛出煮好的百合甜汤，装入汤碗中即可。

甘蔗茯苓瘦肉汤

材料：瘦肉 200 克、甘蔗段 120 克、茯苓 20 克、茅根 12 克、胡萝卜 80 克、玉米 100 克、姜片少许

调料：盐 2 克

做法

1 去皮洗净的胡萝卜切滚刀块。
2 洗好的玉米斩成小件。
3 洗净的瘦肉切开，再切大块。
4 锅中注入适量清水烧开，倒入瘦肉块，拌匀。
5 汆煮约 1 分钟，去除血渍后捞出，沥干水分，待用。
6 砂锅中注入适量清水烧热，倒入汆过水的瘦肉块。
7 放入切好的玉米、胡萝卜，撒上姜片。
8 倒入备好的茯苓、茅根，放入洗净的甘蔗段。
9 盖上盖，烧开后转小火煮约 120 分钟，至食材熟透。
10 揭盖，加入盐，拌匀，略煮，至汤汁入味。
11 关火后盛出煮好的瘦肉汤，盛入碗中即可。

香菇白萝卜汤

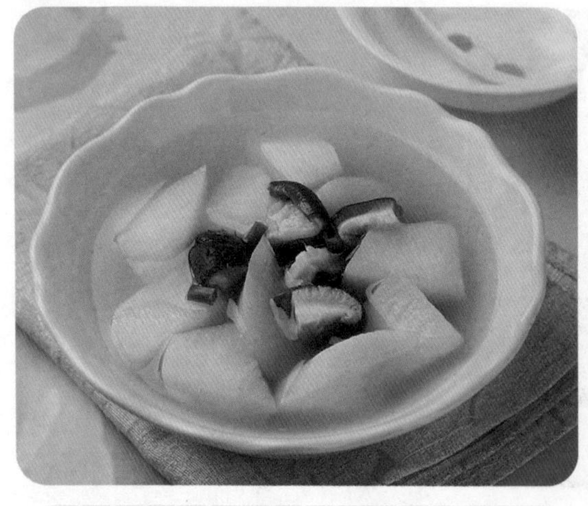

材料：白萝卜 150 克、香菇 120 克、葱花少许

调料：盐 2 克、鸡粉 3 克、胡椒粉 2 克

做法

1 锅中注水烧开，放入洗净切好的白萝卜，倒入洗好切块的香菇拌匀。
2 盖上盖，用大火煮约 3 分钟，揭盖，加盐、鸡粉、胡椒粉调味，拌煮片刻至食材入味。
3 关火后盛出煮好的汤，盛入碗中，撒上葱花即可。

安神莲子汤

材料：木瓜50克、水发莲子30克、百合少许

调料：白糖适量

做法

1 洗净去皮的木瓜切成厚片，再切成块，备用。

2 锅中注入适量清水烧热，放入切好的木瓜，倒入备好的莲子，搅拌均匀。

3 盖上盖子，烧开后转小火煮10分钟至食材熟软。

4 揭开盖子，将百合倒入锅中，搅拌均匀。

5 加入适量白糖，搅拌均匀至入味。

6 将煮好的甜汤盛出，装入碗中即可。

板栗雪梨米汤

材料：水发大米85克、雪梨110克、板栗肉20克

做法

1 洗好的板栗肉切开，再切成小块。

2 洗净去皮的雪梨切成小块。

3 取榨汁机，选择干磨刀座组合，倒入板栗，盖好盖，选择“干磨”功能，磨成粉末，装入小碗待用。

4 再选择干磨刀座组合，倒入洗好的大米，盖上盖，选择“干磨”功能，将大米打碎待用。

5 取榨汁机，选择搅拌刀座组合，倒入雪梨，注入适量温开水，盖上盖，选择“榨汁”功能，榨取果汁，滤入碗中待用。

6 砂锅中注入适量清水烧开，倒入米碎，盖上盖，烧开后用小火煮30分钟。

7 倒入雪梨汁续煮片刻，倒入板栗碎搅拌匀，用中火续煮10分钟至食材熟透即可。

PART 7

原味蒸菜

蜜枣老南瓜

材料：南瓜 200 克、大枣 4 枚、水发银耳 50 克

做法

1 南瓜去皮，切成条，摆入盘中。

2 银耳切块，放在南瓜上，再放上洗净的大枣，待用。

3 蒸锅注水烧开，放入装有食材的盘子，中火蒸 20 分钟。

4 揭盖，取出蒸好的食材即可。

粉蒸肉

材料：五花肉 500 克、豌豆 100 克、蒸肉粉 100 克、姜末适量、蒜末适量

调料：花椒粉 5 克、辣椒粉 5 克、五香粉 5 克、生抽 10 毫升、料酒 10 毫升、老抽 5 毫升、豆瓣酱 10 克

做法

1 五花肉洗净，切成大片。

2 往五花肉中加入花椒粉、辣椒粉、五香粉、生抽、老抽、料酒、姜末、蒜末、豆瓣酱，抓匀，腌渍 1 小时。

3 腌好的五花肉中放入蒸肉粉，抓匀。

4 取笼屉，铺上洗净的豌豆，再将裹好蒸肉粉的肉片码好，压实。

5 蒸锅注水烧开，放入笼屉，中小火蒸 1 小时。

6 揭盖，将蒸好的食材取出即可。

小米排骨

材料： 排骨段 400 克、水发小米 90 克、玉米段 50 克、山药 50 克、紫薯 50 克、枸杞适量、葱花适量、姜末适量、蒜末适量

调料： 盐 3 克、鸡粉 3 克、生抽 5 毫升、料酒 5 毫升、生粉 5 克、芝麻油 5 毫升

做法

1 玉米段对半切开，再切成两半；去皮山药切成段；去皮紫薯切成段，待用。

2 将洗净的排骨段装入碗中，放入备好的姜末、蒜末，再加入盐、鸡粉，淋入生抽、料酒，拌匀，腌渍至入味。

3 把沥干水的小米倒入碗中，与排骨段充分拌匀，撒上生粉，搅拌匀，淋入芝麻油，拌匀，腌渍一会儿。

4 取笼屉，中间放入玉米、山药、紫薯，旁边摆入腌渍好的排骨，叠放整齐，在每一块排骨上放上一粒枸杞，放入烧开的蒸锅中，盖上锅盖，用中火蒸 40 分钟至食材熟透。

5 揭下锅盖，取出蒸好的排骨，趁热撒上葱花即可。

蒸鸡蛋羹

材料： 鸡蛋 2 个、胡萝卜丁 30 克、葱花适量

调料： 盐 2 克

做法

1 鸡蛋打入碗中，加入适量清水，水和蛋的比例 2 ： 1，搅拌均匀。

2 加入盐，倒入胡萝卜丁和葱花，拌匀。

3 蒸锅注水烧开，放入蛋液，中火蒸 10 分钟。

4 揭盖，取出蒸熟的蛋羹即可。

百合老南瓜

材料：南瓜 200 克、新鲜百合 30 克

做法

1 洗净的鲜百合掰成瓣。
2 南瓜去皮，切成段，摆入盘中，再放上百合瓣。
3 蒸锅注水烧开，放入食材，中火蒸 20 分钟。
4 揭盖，取出蒸好的食材即可。

粗粮一家亲

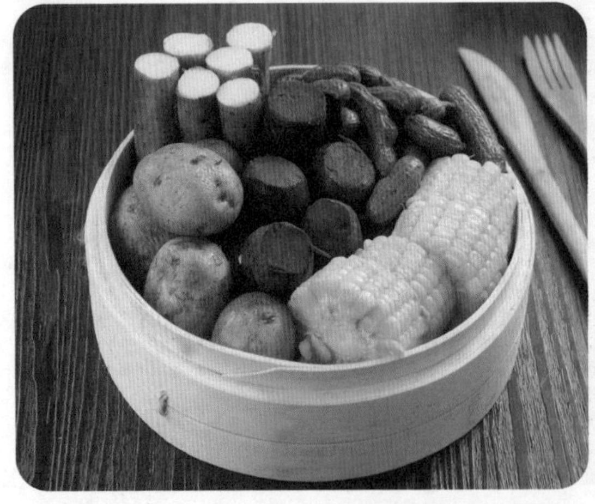

材料：玉米 200 克、山药 200 克、紫薯 200 克、花生 100 克、土豆 300 克

做法

1 洗净的玉米切成段。
2 洗净的山药切成段。
3 洗净的紫薯切成段。
4 将所有食材摆入笼屉中，待用。
5 蒸锅注水烧开，放入笼屉，加盖，大火蒸 20 分钟。
6 揭盖，将蒸好的食材取出即可。

糯米排骨

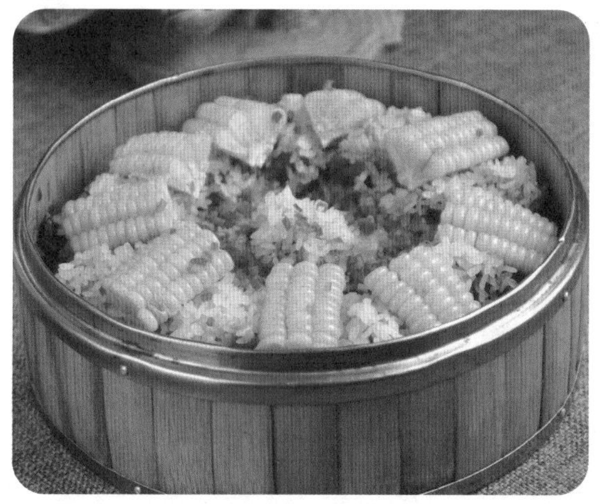

材料：排骨500克、糯米200克、玉米50克、红椒粒适量、青椒粒适量、姜末适量、蒜末适量、葱花适量

调料：盐3克、白糖3克、老抽3毫升、生抽5毫升、料酒5毫升、蚝油5克

做法

1 糯米提前浸泡5~8小时。
2 排骨洗净斩成小块，装入碗中，加入姜末、蒜末、老抽、生抽、蚝油、料酒、盐、白糖抓匀，腌渍2小时。
3 玉米切成段，再切成块，放入沸水锅中煮熟，捞出待用。
4 将腌渍好的排骨放入糯米里，使表面沾满糯米，再放入笼屉中，待用。
5 蒸锅注水，放入笼屉，大火蒸50分钟。
6 揭盖，将蒸好的排骨取出，摆上煮熟的玉米块，撒上葱花、红椒粒、青椒粒即可。

粉蒸肥肠

材料：肥肠300克、粉蒸肉粉100克、葱花适量

做法

1 处理干净的肥肠切小段。
2 往肥肠中倒入粉蒸肉粉，混匀，装在笼屉中。
3 蒸锅注水烧开，放入笼屉，加盖，大火煮开后调成中火蒸50分钟。
4 揭盖，将蒸熟的肥肠取出，撒上葱花即可。

鲫鱼蒸蛋

材料：鲫鱼 1 条、鸡蛋 3 个、姜丝适量、葱花适量

调料：盐适量、料酒 5 毫升、食用油适量

做法

1 鲫鱼处理干净，表面打上花刀。
2 把姜丝塞入鱼肚，用盐均匀抹鱼身，倒入料酒，继续抹匀，静置 20 分钟。
3 将鸡蛋打入碗中，打散调匀，加入盐拌匀。
4 热锅注油，放入鲫鱼，煎至表面呈金黄色，捞出，沥干油，待用。
5 备好碗，放入鲫鱼，倒入打好的蛋液，表面蒙上保鲜膜，用牙签戳几个洞。
6 蒸锅注水烧开，放上食材，蒸 20 分钟。
7 揭盖，取出蒸好的食材，撒上葱花即可。

粉蒸排骨

材料：排骨 500 克、蒸肉粉 100 克、蒜末适量、葱花适量

调料：鸡粉 2 克、食用油适量

做法

1 将洗净的排骨斩块，装入碗中，再放入少许蒜末，加入适量蒸肉粉，抓匀。
2 放入鸡粉，拌匀，倒入少许食用油，抓匀。
3 将拌好的排骨装入笼屉中，备用。
4 蒸锅注水烧开，盖上盖，小火蒸 30 分钟。
5 揭盖，把蒸好的排骨取出，撒上葱花即可。

生蚝蒸蛋

材料：鸡蛋 2 个、处理好的生蚝 50 克、葱花适量

调料：盐 2 克

做法

1 将鸡蛋打入碗中，加入适量清水，水和蛋的比例 2 ：1，加入盐，搅拌均匀。

2 蒸锅注水烧开，放入食材，中火蒸 7 分钟。

3 揭盖，往蛋羹中放入生蚝，再次盖上盖，蒸 5 分钟。

4 揭盖，取出蒸好的蛋羹，撒上葱花即可。

蒸肥肠

材料：肥肠 300 克、葱花适量

调料：粉蒸肉粉 100 克、盐 2 克、鸡粉 2 克、辣椒粉 10 克

做法

1 处理干净的肥肠切成小段。

2 往肥肠中倒入盐、鸡粉、粉蒸肉粉、辣椒粉，拌匀，放入笼屉中。

3 蒸锅注水，放入笼屉，加盖，大火煮开后转中火蒸 50 分钟。

4 揭盖，将蒸好的肥肠取出，撒上葱花即可。

PART 8

适口米面

茄子鲜蔬炒饭

材料：水发薏米 100 克、米饭 150 克、茄子 100 克、黄瓜 50 克、番茄 50 克、芹菜叶少许

调料：盐 3 克、鸡粉 2 克、食用油适量

做法

1 水发薏米中加入适量清水，放入电饭锅中煮熟，凉凉，待用。
2 茄子去皮，切成丁；黄瓜去皮，切成丁；芹菜叶切碎。
3 番茄顶部切上十字花刀，放入沸水中浸泡片刻，撕去皮，再切成丁。
4 锅中注入适量食用油，放入茄丁，煸炒至断生。
5 放入黄瓜丁、番茄丁，翻炒出汁。
6 倒入薏米饭和白米饭，炒散。
7 加入盐、鸡粉，炒匀调味，放入芹菜叶碎，翻炒匀即可。

石榴杏仁椰子饭

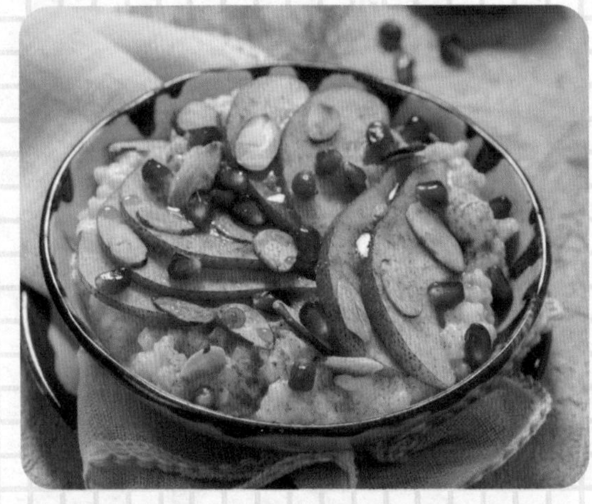

材料：石榴 60 克、熟杏仁 30 克、米饭 200 克、椰子汁 50 毫升、苹果 80 克

调料：盐 2 克、鸡粉 2 克、食用油适量

做法

1 石榴取出籽；苹果切薄片。
2 锅内注油，倒入米饭炒匀。
3 倒入椰子汁煮至沸腾，加入盐、鸡粉拌匀调味。
4 将米饭盛入碗中，摆上苹果、杏仁，撒上石榴籽即可。

肉丝蔬菜拌饭

材料：玉米粒 40 克、青椒 40 克、猪肉 150 克、圣女果 70 克、米饭 200 克、蒜末适量

调料：盐 2 克、鸡粉 2 克、食用油适量、生抽适量

做法

1 青椒切圈；猪肉切丝；圣女果对半切开。
2 热锅注油，用蒜末爆香，倒入猪肉丝炒至熟软。
3 倒入青椒，加入盐、鸡粉、生抽炒匀调味。
4 将炒好的肉丝盛入碗中待用。
5 锅内注水烧开，倒入玉米粒、青椒，煮至断生后捞出待用。
6 往备好的碗中倒入熟米饭，放入肉丝拌匀，摆放上圣女果、玉米粒、青椒即可。

柿子椒牛肉饭

材料：牛肉 100 克、黄柿子椒 60 克、红柿子椒 60 克、米饭 300 克、蒜末适量

调料：盐 2 克、鸡粉 2 克、食用油适量、生抽适量、水淀粉适量

做法

1 牛肉切条；红柿子椒、黄柿子椒切条。
2 热锅注油，倒入蒜末爆香。
3 倒入牛肉炒至转色。
4 倒入柿子椒炒至断生。
5 加入盐、鸡粉、生抽炒匀调味。
6 加入适量清水煮沸，淋入水淀粉勾芡。
7 关火后将炒好的食材盖在米饭上即可。

扬州炒饭

材料：米饭300克、豌豆50克、鸡蛋1个、去皮胡萝卜50克、蒜末少许

调料：盐3克、鸡粉3克、生抽5毫升、食用油适量

做法

1 胡萝卜去皮，切成丁。
2 鸡蛋打入碗中，搅散。
3 锅内注水烧开，倒入豌豆、胡萝卜丁，煮至断生后捞出待用。
4 热锅注油，倒入蒜末爆香。
5 倒入鸡蛋炒散，倒入米饭炒匀。
6 倒入豌豆、胡萝卜炒匀。
7 加入盐、鸡粉、生抽炒匀调味。
8 关火后将炒好的米饭盛入盘中即可。

雪里蕻咸肉蒸饭

材料：大米100克、雪里蕻130克、咸肉80克

调料：盐3克、鸡粉3克、食用油适量

做法

1 咸肉切成丁。
2 锅中加入1000毫升清水，加入少许食用油煮沸，倒入雪里蕻，拌煮约1分钟至熟软，捞出，沥干水，待凉后切成小段。
3 热锅注油，倒入咸肉炒香。
4 倒入雪里蕻炒匀，加入盐、鸡粉炒匀调味。
5 大米中注入适量清水，放入蒸锅中，加盖，中火蒸20分钟至熟。
6 揭盖，倒入炒好的食材，再次盖上盖，续蒸8分钟至食材熟透。
7 揭开盖，关火后取出蒸好的米饭，拌匀即可。

松子玉米炒饭

材料：米饭 300 克、玉米粒 45 克、青豆 35 克、腊肉 55 克、鸡蛋 1 个、水发香菇 40 克、熟松子仁 25 克、葱花少许

调料：食用油适量

做法

1 将洗净的香菇切粗丝，再切丁。
2 洗好的腊肉切片，再切条形，改切成丁。
3 锅中注入适量清水烧开，倒入洗净的青豆、玉米粒，拌匀，煮 1 分 30 秒，至食材断生，捞出，沥干水，待用。
4 用油起锅，倒入腊肉丁，炒匀，倒入香菇丁，翻炒匀。
5 打入鸡蛋，炒散，倒入备好的米饭，用中小火炒匀。
6 倒入焯过水的食材，翻炒匀，撒上葱花，用大火炒出香味。
7 倒入部分熟松子仁，炒匀。
8 关火后盛出炒好的米饭，装入盘中，撒上余下的熟松子仁即可。

薏米大麦南瓜饭

材料：薏米 50 克、大麦 50 克、南瓜 100 克、山药 100 克

做法

1 薏米、大麦分别淘洗净，加清水浸泡 3 小时，捞出沥干水。
2 南瓜、山药分别洗净，去皮，切小丁，待用。
3 电饭煲中加入泡好的薏米、大麦，加入适量清水，加入南瓜丁、山药丁，加盖按下煮饭键，待饭熟即可。

玉米鸡蛋炒饭

材料：玉米粒 80 克、鸡蛋 1 个、米饭 400 克、火腿肠 50 克

调料：盐 3 克、鸡粉 3 克、食用油适量

做法

1 热锅注水，煮开后倒入玉米粒，煮至断生，捞出，沥干水待用。

2 鸡蛋打入碗中，打散。热锅注油，倒入米饭，拍松散，炒至米饭呈颗粒状。

3 倒入鸡蛋液，快速炒匀。

4 倒入玉米粒、火腿肠，加入盐、鸡粉拌匀调味。

5 关火后将炒好的米饭盛入碗中即可。

鱼肉咖喱饭

材料：熟鱼肉 50 克、米饭 300 克、熟鸡蛋 1 个、蒜末适量、咖喱膏 30 克

调料：盐 3 克、鸡粉 3 克、食用油适量

做法

1 鱼肉切成块；熟鸡蛋去壳，对半切开。

2 热锅注油，倒入蒜末爆香。

3 倒入米饭炒散。

4 倒入咖喱膏炒匀，加入盐、鸡粉炒匀调味。

5 倒入鱼肉炒匀。

6 关火，将炒好的米饭盛入碗中，摆放上鸡蛋即可。

照烧鸡肉

材料：鸡肉块200克、熟白芝麻30克、西蓝花80克、米饭400克、蒜末适量

调料：盐3克、鸡粉3克、生抽5毫升、生粉适量、料酒适量、食用油适量、老抽适量

做法

1 往鸡肉中加入料酒、盐、鸡粉、生抽抓匀，再用少许生粉抓匀，腌渍10分钟至入味。

2 西蓝花切小朵后放入沸水锅中煮至断生后捞出，待用。

3 锅中注油烧热，倒入鸡块，用锅铲搅散，炸约1分钟至熟透，捞出，沥干油，待用。

4 锅底留少许油，倒入蒜末爆香，倒入鸡块炒匀。

5 转小火，淋入料酒、老抽，撒上白芝麻，炒匀。

6 将焯好的西蓝花和炒好的鸡肉块盖在备好的饭上即可。

芝麻鸡肉饭

材料：鸡肉块200克、熟白芝麻30克、米饭400克、蒜末适量、葱花适量、生粉适量

调料：盐3克、鸡粉3克、生抽5毫升、食用油适量、老抽适量、料酒适量

做法

1 往鸡肉块中加入料酒、盐、鸡粉、生抽抓匀，再用少许生粉抓匀，腌渍10分钟至入味。

2 锅中注油烧热，倒入鸡块，用锅铲搅散，炸约1分钟至熟透，捞出，沥干油，待用。

3 锅底留少许油，倒入蒜末爆香，倒入鸡块炒匀。

4 转小火，淋上料酒、老抽，撒上熟白芝麻，炒匀。

5 盛出炒好的鸡肉块，盖在备好的米饭上，撒上葱花即可。

猪肉咖喱炒饭

材料：猪瘦肉 100 克、米饭 350 克、胡萝卜 30 克、咖喱膏 40 克

调料：盐 3 克、鸡粉 3 克、食用油适量

做法

1 将去皮洗净的胡萝卜切成片，切细丝。
2 洗净的瘦肉切块。
3 用油起锅，倒入瘦肉块，炒至转色。
4 倒入切好的胡萝卜翻炒均匀。
5 放入米饭，拍松散，炒约 1 分钟至米饭呈颗粒状。
6 倒入咖喱膏，炒匀，加鸡粉、盐，炒匀调味。
7 把炒饭盛出装盘即可。

青菜烫饭

材料：米饭 150 克、火腿丝 15 克、海米 15 克、小白菜 25 克

做法

1 沸水锅中倒入备好的火腿丝、海米。
2 煮 1 分钟至其熟软。
3 放入米饭，加入洗净的小白菜。
4 煮约 1 分钟至食材熟透。
5 关火后盛出煮好的食材，装入碗中即可。

鸡肉饭

材料：鸡胸肉 400 克、米饭 300 克、红椒 20 克、青椒 20 克、葱花适量、蒜末适量、面粉适量

调料：盐适量、鸡粉适量、水淀粉适量、食用油适量

做法

1 鸡胸肉切块；红椒、青椒切碎。
2 往鸡胸肉中加入盐、鸡粉，拌匀，再裹上面粉，待用。
3 热锅注油烧至七成热，放入鸡胸肉炸至金黄色，捞出，沥干油，待用。
4 锅底留油，倒入蒜末爆香，倒入红椒、青椒炒香。
5 倒入鸡块，翻炒匀，注入少许清水。
6 加入盐、鸡粉，撒上葱花炒匀，淋入水淀粉勾芡收汁。
7 将炒好的鸡肉块盛出，摆放在米饭周围即可。

菠萝饭

材料：菠萝半个、葱段适量、米饭 150 克、豌豆 30 克、虾仁 80 克、红椒 20 克

调料：盐 3 克、鸡粉 3 克、食用油适量

做法

1 菠萝挖空，菠萝肉切成小块后，用盐水浸泡将洗净的红椒切块。
2 热锅注水烧开，倒入豌豆，煮至断生，捞出，沥干水分，待用。
3 热锅注油，倒入备好的米饭，炒松散，倒入焯过水的豌豆，再倒入菠萝丁、虾仁、红椒块炒匀。
4 转小火，加入盐、鸡粉，炒匀调味。
5 关火，将炒好的米饭盛入菠萝碗中，撒上葱段即可。

蛋炒饭

材料： 鸡蛋 2 个、米饭 200 克、葱花适量

调料： 盐 3 克、鸡粉 3 克、食用油适量

做法

1 鸡蛋打入碗内，搅散。
2 热锅注油，倒入蛋液，炒熟。
3 淋入少许食用油，倒入米饭，改用小火，将米饭翻炒松散。
4 加入盐、鸡粉，炒匀调味。
5 撒入葱花翻炒匀，把米饭炒香即可出锅。

宫保鸡丁饭

材料： 鸡胸肉 150 克、米饭 200 克、干辣椒 5 克、大蒜适量、姜片适量、葱段适量

调料： 盐 3 克、鸡粉 3 克、料酒 10 毫升、生粉适量、食用油适量

做法

1 洗净的鸡胸肉切 1 厘米厚的片，切条，切成丁。
2 洗净的大蒜切成末。
3 鸡丁中加盐、鸡粉、料酒拌匀，加入生粉拌匀，淋入少许食用油拌匀，腌渍 10 分钟。
4 热锅注油，烧至六成热，倒入鸡丁，炸约 2 分钟至熟透。
5 捞出炸好的鸡丁，沥干油，待用。
6 锅底留油，倒入大蒜、姜片爆香，倒入干辣椒炒香，倒入鸡肉炒匀。
7 关火后将炒好的食材盛入装有米饭的盘中，撒上葱段即可。

火腿香菇饭

材料：火腿肠 80 克、水发香菇 50 克、土豆 90 克、豌豆 30 克、米饭 400 克、蒜末少许

调料：盐 2 克、鸡粉 2 克、食用油适量

做法

1 火腿肠切片；去皮土豆切丁；水发香菇切丁。
2 锅中注水烧开，放入豌豆、土豆、香菇，焯至断生，捞出，沥干水，待用。
3 另起锅，注油烧热，倒入蒜末爆香。
4 倒入米饭炒散。
5 倒入火腿肠炒香，倒入焯好的食材，炒匀。
6 加入盐、鸡粉，炒匀调味。
7 关火后将炒好的米饭盛入碗中即可。

红豆蔬菜蒸饭

材料：水发红豆 90 克、大米 140 克、红椒 50 克、芹菜叶少许

调料：盐 3 克、鸡粉 3 克

做法

1 红椒切丁。
2 芹菜叶切碎。
3 大米中注入适量清水，倒入红椒丁、红豆，加入盐、鸡粉拌匀。
4 将拌好的食材放入蒸锅中，加盖，中火蒸 25 分钟至熟。
5 揭盖，将蒸好的米饭取出，撒上芹菜叶碎，拌匀即可。

彩色蒸饭

材料：大米 200 克、花菜 70 克、豌豆 60 克、胡萝卜 80 克、玉米粒 80 克、豇豆 50 克、红椒 20 克

调料：盐 3 克、鸡粉 3 克、食用油适量

做法

1 花菜切朵；胡萝卜去皮切丁，豇豆切成段；红椒切成丁。
2 锅内注水烧开，倒入花菜、豌豆、胡萝卜、玉米粒、豇豆煮至断生。
3 捞出煮好的食材盛入盘中待用。
4 热锅注油，倒入花菜、豌豆、胡萝卜丁、玉米粒、豇豆、红椒炒匀。
5 加入盐、鸡粉炒匀调味。
6 将炒好的食材盛入盘中待用。
7 大米中注入适量清水，放入蒸锅中，加盖，中火蒸 20 分钟至熟。
8 揭盖，倒入炒好的食材，加盖，续蒸 8 分钟至食材熟透。
9 揭开盖，取出蒸好的米饭，拌匀即可。

鸡胸肉马蹄炒饭

材料：米饭 100 克、鸡胸肉 50 克、马蹄 50 克、西蓝花 50 克、胡萝卜 30 克、葱花适量、蒜末适量

调料：盐、酱油、鸡粉、水淀粉、食用油各适量

做法

1 马蹄去皮，切片；西蓝花切小朵；胡萝卜切成细条。
2 鸡胸肉切片，加酱油、水淀粉抓匀，腌 15 分钟。
3 热锅加少许油烧热，倒入蒜末爆香，放鸡胸肉翻炒至变色。
4 放胡萝卜、西蓝花、马蹄翻炒至断生。
5 放入米饭炒散，加盐、酱油、鸡粉，翻炒均匀。
6 撒上葱花，翻炒均匀即可。

番茄黑豆炒饭

材料：香菜叶 20 克、番茄 50 克、水发黑豆 5 克、米饭 150 克

调料：盐 2 克、鸡粉 2 克、食用油适量

做法

1 水发黑豆提前煮熟。
2 香菜叶切小段。
3 番茄顶部切上十字花刀，放入沸水中浸泡片刻，捞出，撕去皮，再切成小丁。
4 热锅中注入适量食用油，倒入番茄丁，翻炒出汁。
5 倒入煮熟的黑豆，炒匀。
6 倒入白米饭，炒散。
7 放入香菜叶，加入盐、鸡粉，炒匀调味即可。

鸡肉炒饭

材料：鸡胸肉 90 克、米饭 300 克、玉米粒 90 克、豌豆 90 克、红椒 20 克、葱段适量

调料：盐 2 克、鸡粉 2 克、食用油适量

做法

1 鸡胸肉切块；红椒切块。
2 锅内注水烧开，倒入豌豆、玉米粒，煮至断生，捞出，沥干水分，待用。
3 热锅注油，倒入鸡肉，炒至转色，捞出待用。
4 锅底留油，倒入红椒，炒至断生。
5 倒入米饭炒散。
6 倒入鸡肉、豌豆、玉米粒炒匀。
7 加入盐、鸡粉，炒匀调味。
8 关火后，将炒好的米饭盛入碗中，撒上葱段即可。

炸鸡排便当

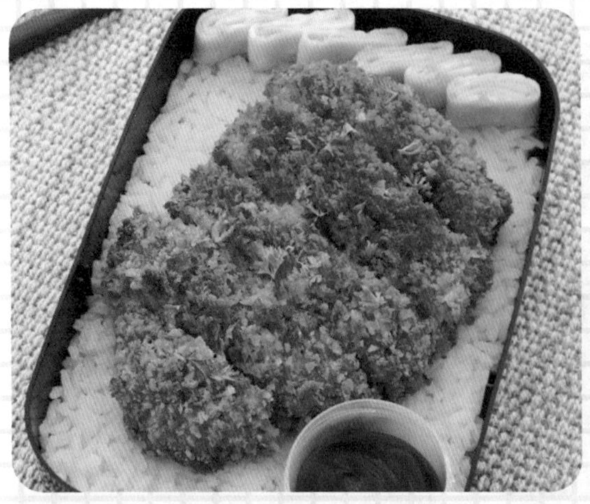

材料：鸡肉300克、鸡蛋2个、米饭500克、面粉80克、面包粉70克、香菜碎适量

调料：盐4克、食用油适量、番茄酱适量、黑胡椒粉4克

做法

1 鸡肉拍松，抹上黑胡椒粉和盐。
2 鸡蛋打入玻璃碗中，打散。
3 鸡肉依次裹上面粉、鸡蛋液和面包粉。
4 热锅注油，烧至七成热，放入鸡肉，大火炸半分钟，转小火再炸半分钟，随时翻面。
5 将炸好的鸡肉捞出，沥干油，切块。
6 锅底留油，倒入鸡蛋液，煎至两面金黄色。
7 取出煎好的鸡蛋，待冷却后卷成卷，切圈。
8 将鸡肉块、鸡蛋圈摆放在米饭上，撒上香菜碎，食用时蘸上番茄酱。

彩色便当

材料：炸鱼块1块、炸鸡块1块、米饭200克、菠菜30克、胡萝卜20克、虾仁20克、西柚30克、猕猴桃30克、圣女果1个、橙子50克

做法

1 菠菜洗净，切成段；胡萝卜去皮，切成丝。
2 西柚去皮，果肉掰小块；猕猴桃去皮，切厚片；橙子去皮，切块；圣女果洗净。
3 锅内注入适量清水烧开，倒入虾仁，煮至变色后捞出待用。
4 倒入菠菜段、胡萝卜丝，煮至断生后捞出待用。
5 往备好的米饭上摆上食材即可。

可爱造型便当

材料：米饭 100 克、海苔 5 克、脆皮肠 50 克、午餐肉 50 克、鸡胸肉 80 克、胡萝卜 30 克、西蓝花 30 克

调料：盐 3 克、鸡粉 3 克、生抽 3 毫升、食用油适量

做法

1 胡萝卜用花模具制成花状；西蓝花切成朵；午餐肉切片。
2 取海苔做成小圆形，待用。
3 鸡胸肉切块，加入盐、鸡粉、生抽腌渍片刻。
4 熟米饭做成动物形状，用海苔做好的小配件粘在饭团上。
5 锅内注水烧开，倒入胡萝卜、西蓝花，煮至断生后捞出待用。
6 另起锅，注油烧至七成热，倒入鸡胸肉、脆皮肠炸至金黄色，捞出沥干油。
7 把饭团、鸡胸肉、脆皮肠、午餐肉、胡萝卜、西蓝花摆放在便当中即可。

小熊便当

材料：西蓝花 80 克、生菜 60 克、海苔适量、胡萝卜 50 克、玉米粒 30 克、火腿肠 100 克、米饭 200 克

调料：食用油适量、盐适量

做法

1 西蓝花切成小朵；胡萝卜切成小块；火腿肠切成段，在一段切上花刀。
2 热锅注油，放入火腿肠煎至微黄色，盛出待用。
3 另起锅，注水烧开，加入盐，倒入西兰花、胡萝卜、玉米粒，煮至断生后捞出。
4 用海苔剪出小熊的眼睛等形状，待用。
5 饭团做成小熊状，贴上海苔眼睛、鼻子、嘴巴等。
6 将洗净的生菜铺在饭盒里，再将所有食材摆放在便当盒里即可。

午餐肉便当

材料：米饭 200 克、午餐肉 50 克、炸鸡块 1 块、炸鱼块 1 块、圣女果 1 颗、熟西蓝花 1 朵、熟黑芝麻适量

调料：食用油适量

做法

1 圣女果对半切开。
2 午餐肉切薄片。
3 热锅注油，放入午餐肉煎至两面微黄色，捞出待用。
4 往备好的便当盒中盛入米饭，撒上熟黑芝麻，再放入午餐肉、炸鸡块、炸鱼块、圣女果、西蓝花即可。

美味意大利面

材料：意大利面 200 克、炸鸡块 100 克、番茄酱 20 克

调料：盐 2 克、鸡粉 2 克、香料少许、食用油适量

做法

1 锅内注入适量清水烧开，倒入意大利面煮至熟软。
2 将意大利面捞出，沥干水，盛入盘中。
3 热锅注油，倒入意大利面炒匀，加入盐、鸡粉炒匀调味。
4 将炒好的意大利面盛入盘中，摆放上炸鸡块，挤上番茄酱，撒上香料即可。

胡萝卜香葱炒面

材料：手工面 400 克、胡萝卜 40 克、豆芽 30 克、白菜 30 克、白芝麻 10 克、蒜末适量、葱花适量

调料：盐 3 克、鸡粉 3 克、食用油适量

做法

1 胡萝卜去皮切成丝；白菜切成丝。
2 热锅注油烧热，倒入蒜末爆香。
3 倒入手工面炒散。
4 倒入胡萝卜、豆芽、白菜炒匀，加入盐、鸡粉炒匀。
5 撒上白芝麻炒匀。
6 关火后将炒面盛入盘中，撒上葱花即可。

咖喱方便面

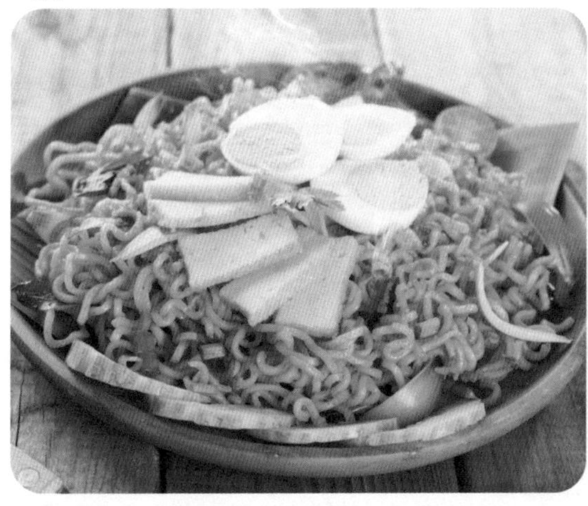

材料：熟鸡蛋 1 个、方便面饼 1 块、咖喱膏 40 克、鱼饼 30 克、葱花适量、黄瓜 50 克、洋葱 50 克、蒜末适量

调料：盐 3 克、鸡粉 3 克、食用油适量

做法

1 熟鸡蛋、鱼饼、黄瓜均切成厚片。
2 洋葱切块。
3 锅内注水烧开，放入方便面饼煮至熟软后捞出待用。
4 热锅注油，倒入蒜末爆香，倒入咖喱膏炒匀。
5 倒入鱼饼、洋葱炒香，倒入方便面炒匀。
6 加入盐、鸡粉，炒匀调味。
7 关火后将炒好的面盛入盘中，撒上葱花，摆上鸡蛋、黄瓜片即可。

凉拌荞麦面

材料：荞麦面 50 克、红椒 20 克、青椒 20 克、胡萝卜 20 克、洋葱 20 克

调料：酱油适量、香醋适量、盐适量、芝麻油适量

做法

1 胡萝卜去皮切成片；青椒、红椒切丝；洋葱切块。
2 锅中加水煮沸，放入青椒、红椒、洋葱、胡萝卜，煮至断生，捞出，沥干水，待用。
3 放入荞麦面搅散，煮熟后捞出，过凉水，倒入大碗中。
4 取一小碗，放入酱油、香醋、盐、芝麻油调匀，制成酱汁。
5 将荞麦面与焯熟的食材拌匀，淋入酱汁，拌匀即可。

银鱼豆腐面

材料：面条 160 克、豆腐 80 克、黄豆芽 40 克、银鱼干少许、柴鱼汤 500 毫升、蛋清 15 克

调料：盐 2 克、生抽 5 毫升、水淀粉适量

做法

1 将洗净的豆腐切开，改切小方块，备用。
2 锅中注入适量清水烧开，倒入备好的面条，搅匀，用中火煮约 4 分钟，至面条熟透。
3 关火后捞出煮熟的面条，沥干水分，待用。
4 另起锅，注入柴鱼汤，放入洗净的银鱼干，拌匀，用大火煮沸。
5 加入盐、生抽，再倒入洗净的黄豆芽，放入豆腐块，拌匀。
6 淋入水淀粉，拌匀，煮至食材熟透。
7 倒入蛋清，边倒边搅拌，制成汤料，待用。
8 取一个汤碗，放入煮熟的面条，盛入锅中的汤料即可。

韭黄鲜虾肠粉

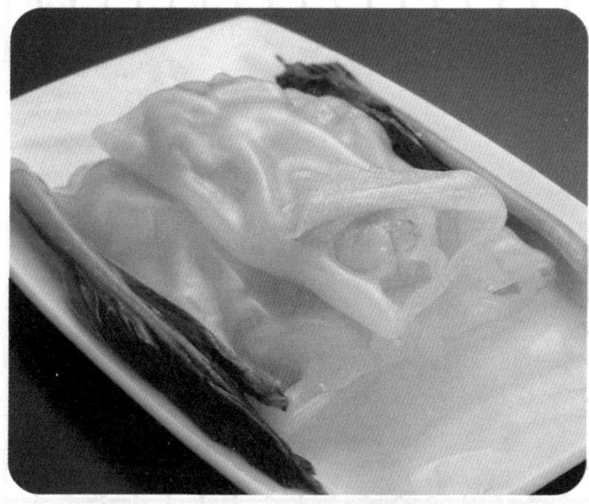

材料： 鲜虾 100 克、韭黄 80 克、肠粉皮 100 克、白菜薹少许

调料： 盐 3 克、鸡粉 3 克、食用油适量

做法

1 鲜虾去虾线、虾壳；韭黄切碎。
2 白菜薹择洗干净，放入沸水锅中焯熟，捞出沥干水，摆入盘中待用。
3 热锅注油，倒入鲜虾炒至转色。
4 倒入韭黄炒匀，加入盐、鸡粉炒匀调味。
5 将炒好的食材盛入碗中。
6 取肠粉皮，铺开，放入鲜虾、韭黄，卷成卷。
7 蒸锅中注水烧开，放上肠粉，加盖，用大火蒸 10 分钟至肠粉熟透。
8 揭盖，将肠粉取出，摆入装有白菜薹的盘中即可。

咖喱面

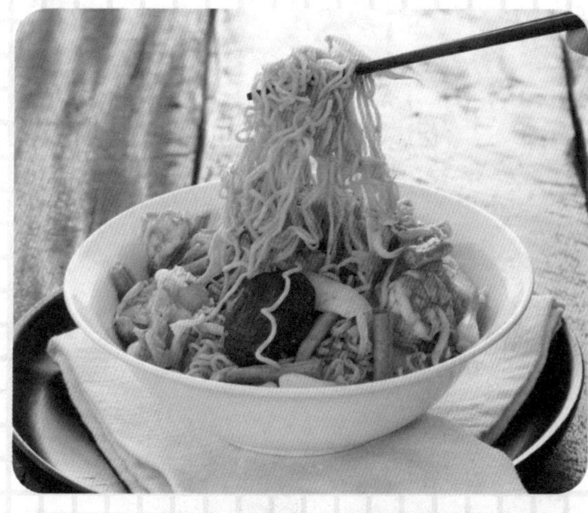

材料： 水发香菇 40 克、方便面饼 1 块、虾仁 50 克、豇豆 50 克、白菜 50 克、蒜末适量

调料： 盐 3 克、鸡粉 3 克、生抽 5 毫升、食用油适量

做法

1 香菇切块；虾仁去虾线；豇豆切段；白菜切小块。
2 锅内注入适量清水烧开，倒入方便面饼煮至熟软，捞出沥干水，待用。
3 热锅注油，倒入蒜末爆香。
4 倒入虾仁、豇豆、香菇、白菜炒至断生。
5 倒入方便面炒匀，加入盐、鸡粉、生抽炒匀调味。
6 关火后将炒好的食材盛入盘中即可。

PART 9
营养粥

板栗桂圆粥

材料：板栗肉 50 克、桂圆肉 15 克、大米 250 克

做法

1 砂锅中注入适量清水，用大火烧热，倒入备好的板栗、大米、桂圆肉，搅匀。
2 盖上锅盖，煮开后转小火煮 40 分钟至食材熟透。
3 揭开锅盖，搅拌均匀。
4 关火后将煮好的粥盛入碗中即可。

葱花大米粥

材料：水发大米 200 克、葱花适量

做法

1 砂锅中注入适量清水，倒入泡发好的大米，搅拌匀。
2 盖上盖，用大火煮沸后转小火续煮约 40 分钟至大米熟软。
3 揭开盖，倒入葱花，拌煮至散发出葱香味。
4 关火，将煮好的粥盛出，装入碗中即可。

茼蒿排骨粥

材料： 茼蒿 80 克、芹菜 50 克、排骨 100 克、水发大米 150 克

调料： 盐 2 克、鸡粉 2 克、胡椒粉少许

做法

1 洗净的芹菜切成粒。
2 洗好的茼蒿切碎。
3 砂锅中注入适量清水烧开，放入大米，搅匀。
4 盖上盖，烧开后用小火炖 15 分钟。
5 揭盖，放入洗净的排骨。
6 盖上盖，用小火慢炖 30 分钟
7 揭盖，加入盐、鸡粉，撒入胡椒粉，搅匀调味。
8 放入茼蒿，搅匀，继续煮至熟软。
9 关火后将砂锅中的食材盛出，装入汤碗中即可。

扁豆薏米冬瓜粥

材料： 水发大米 200 克、水发白扁豆 80 克、水发薏米 100 克、冬瓜 50 克、葱花少许

调料： 盐 2 克、鸡粉 3 克

做法

1 洗净去皮的冬瓜切成小块。
2 砂锅中注入适量清水，倒入备好的扁豆、薏米、大米。
3 盖上盖，用大火煮开后转小火煮 1 小时至食材熟透。
4 揭盖，放入冬瓜，拌匀，再次盖上盖，续煮 15 分钟。
5 揭开盖，放入盐、鸡粉，拌匀调味。
6 关火后盛出煮好的粥，装入碗中，撒上葱花即可。

海参小米粥

材料：小米200克、海参3只、生姜35克、葱花少许

做法

1 海参解冻后用剪刀剪开，除去内脏。
2 将洗净的海参倒入沸水中，煮软后入凉水。
3 砂锅倒水煮沸，倒入小米。
4 把生姜切丝后倒入砂锅。
5 小米滚锅后倒入海参，搅拌 5 分钟。
6 小火熬半小时后撒葱花即可。

大米南瓜粥

材料：南瓜 50 克、大米 50 克

做法

1 将南瓜清洗干净，削皮，切成碎粒。
2 将大米清洗干净放入小锅中，再加入 400 毫升的水，中火烧开，转小火继续煮制 20 分钟。
3 将切好的南瓜粒放入粥锅中，小火再煮 10 分钟，煮至南瓜软烂即可。

海参粥

材料：海参 300 克、粳米 250 克、姜丝少许

调料：盐 2 克、鸡粉 2 克、芝麻油少许

做法

1 洗净的海参切开，去除内脏，再切成丝。
2 锅中注入适量清水烧开，放入切好的海参，略煮片刻，去除腥味。
3 捞出汆煮好的海参，装盘待用。
4 砂锅中注入适量清水烧热，倒入洗好的粳米，搅拌匀，盖上盖，用大火煮开后转小火煮 40 分钟至粳米熟软。
5 揭盖，加入盐、鸡粉，拌匀。
6 倒入汆过水的海参，放入姜丝，拌匀，再次盖上盖，续煮 10 分钟至食材入味。
7 揭开盖，淋入芝麻油，拌匀。
8 关火后盛出煮好的粥，装入碗中即可。

黄瓜粥

材料：黄瓜 85 克、水发大米 110 克

调料：盐 1 克、芝麻油适量

做法

1 洗净的黄瓜切开，再切成细条状，改切成小丁块，备用。
2 砂锅注水烧开，倒入洗净的大米，拌匀。
3 盖上锅盖，煮开后用小火煮 30 分钟。
4 揭开锅盖，倒入切好的黄瓜，拌匀，煮至沸。
5 加入盐，淋入适量芝麻油，搅拌均匀，至食材入味。
6 关火后盛出煮好的粥，装入碗中即可。

栗子小米粥

材料：水发大米150克、水发小米100克、熟板栗80克

做法

1 把熟板栗切小块，再剁成细末，备用。
2 砂锅中注入适量清水烧开，倒入洗净的大米。
3 放入洗好的小米，搅匀，使米粒散开。
4 盖上盖，煮沸后用小火煮约30分钟，至米粒熟软。
5 揭盖，搅拌匀，续煮片刻。
6 关火后盛出煮好的米粥，装入汤碗中，撒上板栗末即可。

白果莲子粥

材料：白果30克、水发莲子30克、水发大米70克

调料：盐3克、鸡粉3克

做法

1 在备好的沸水砂锅中放入大米、白果、水发莲子，搅拌一会儿。
2 盖上盖，转小火煲30分钟。
3 放入盐、鸡粉搅拌均匀。
4 关火后将煮好的粥盛入碗中即可。

黑芝麻牛奶粥

材料：熟黑芝麻粉 15 克、水发大米 200 克、牛奶 200 毫升

调料：白糖 5 克

做法

1 砂锅中注入适量清水，倒入洗净的大米，盖上盖，用大火煮开后转小火续煮 30 分钟至大米熟软。

2 揭盖，倒入牛奶拌匀。

3 再次盖上盖，用小火续煮 2 分钟至沸。

4 揭盖，倒入熟黑芝麻粉拌匀。

5 加入白糖拌匀，稍煮片刻。

6 关火后盛出煮好的粥。

南瓜山药杂粮粥

材料：水发大米 95 克、玉米碴65 克、水发糙米 120 克、水发燕麦 140 克、山药 125 克、南瓜肉 110 克

做法

1 将去皮洗净的山药切开，再切条形，改切小块。

2 洗好的南瓜肉切开，改切厚片，再切小块。

3 砂锅中注入适量清水烧开，倒入洗净的糙米，放入洗好的大米、燕麦，盖上盖，烧开后用小火煮约 60 分钟，至米粒变软。

4 揭盖，倒入切好的南瓜和山药，搅匀。

5 倒入备好的玉米碴，搅拌一会儿，使其散开，再次盖上盖，用小火续煮约 20 分钟，至食材熟透。

6 揭开盖，搅拌片刻，关火后盛出煮好的杂粮粥，装在碗中，稍稍冷却后食用即可。

泥鳅粥

材料：水发大米 160 克、泥鳅 120 克、姜丝少许、葱花少许

调料：盐适量

做法

1 把泥鳅装入碗中，加入少许盐，拌匀，注入适量清水洗净，去除黏液，沥干水分，备用。

2 将泥鳅去除头尾，在清水里洗净，备用。

3 砂锅中注入适量清水烧热，倒入洗净的大米，撒上姜丝。

4 倒入洗净的泥鳅，拌匀，盖上盖，煮开后用小火煮 30 分钟至食材熟透。

5 揭开锅盖，加入少许盐，搅拌均匀，至食材入味。

6 关火后盛出煮好的粥，装入碗中，撒上葱花即可。

三豆粥

材料：水发大米 120 克、水发绿豆 70 克、水发红豆 80 克、水发黑豆 90 克

调料：白糖 6 克

做法

1 砂锅中注入适量清水烧开，倒入洗净的绿豆、红豆、黑豆。

2 倒入洗好的大米，搅拌匀，盖上锅盖，烧开后用小火煮约 40 分钟，至食材熟透。

3 揭开锅盖，加入白糖，搅拌匀，煮至白糖溶化。

4 关火后盛出煮好的粥，装入碗中即可。

桑葚茯苓粥

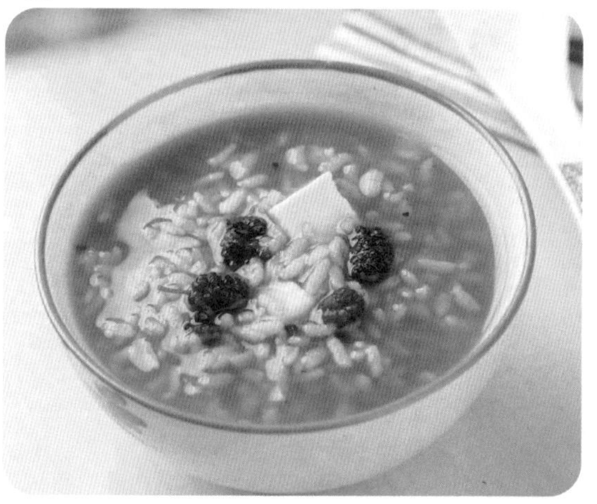

材料：水发大米 160 克、茯苓 40 克、桑葚干少许

调料：白糖适量

做法

1 砂锅中注入适量清水烧热，倒入备好的茯苓。

2 撒上洗净的桑葚干，放入洗好的大米，盖上盖，大火烧开后改小火煮约 50 分钟，至米粒变软。

3 揭开盖，加入适量白糖，搅拌匀，略煮一会儿，至白糖完全溶化。

4 关火后盛出煮好的茯苓粥，装在小碗中即可。

山药蛋粥

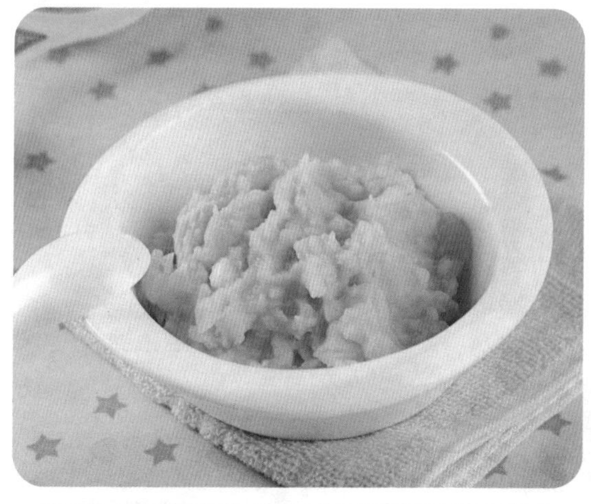

材料：山药 120 克、鸡蛋 1 个

做法

1 将去皮洗净的山药切块，再切成薄片，放入蒸盘中，待用。

2 蒸锅上火烧开，放入蒸盘，再放入装有鸡蛋的小碗，盖上锅盖，用中火蒸约 15 分钟至食材熟透。

3 关火后揭开锅盖，取出蒸好的食材，凉凉。

4 把放凉的山药放入杵臼，捣成泥状，盛放在碗中，待用。

5 放凉的熟鸡蛋去壳，取蛋黄，放在小碟子中，待用。

6 将蛋黄放入装有山药泥的碗中，压碎，搅拌片刻至两者混合均匀，盛入备好的小碗中即可。

枣泥小米粥

材料：小米 85 克、大枣 20 克

做法

1 蒸锅上火烧沸，放入装有大枣的小盘子，盖上锅盖，用中火蒸约 10 分钟至大枣变软。
2 揭开锅盖，取出蒸好的大枣，凉凉后切开，取出果核，切碎，剁成细末。
3 将大枣末倒入杵臼中，捣成大枣泥，盛出待用。
4 汤锅中注入适量清水烧开，倒入洗净的小米，搅拌匀，使米粒散开，盖上盖子，用小火煮约 20 分钟至米粒熟透。
5 取下盖子，加入大枣泥，搅拌匀，续煮片刻至沸腾。
6 关火后盛出煮好的小米粥，盛入小碗中即可。

荷包蛋猪肉粥

材料：水发大米 100 克、猪瘦肉 30 克、鸡蛋 1 个、姜丝少许、葱花少许

调料：盐 2 克、淀粉少许

做法

1 洗净的猪瘦肉切片，装入碗中，倒入少许淀粉，放入姜丝，拌匀待用。
2 锅中注入清水，用大火烧开，倒入水发大米，拌匀，盖上盖，用小火煮 30 分钟至大米熟烂。
3 揭盖，倒入肉片，拌匀煮沸，续煮 3 分钟。
4 打入鸡蛋，煮至鸡蛋凝固。
5 加入盐，用锅勺拌匀调味，煮沸。
6 将煮好的粥盛入碗中，撒上少许葱花即可。

核桃葡萄干牛奶粥

材料：水发大米 100 克、牛奶 200 毫升、核桃仁 20 克、葡萄干 20 克

做法

1 核桃仁洗净，切成小块，待用。
2 砂锅中注入适量清水，倒入大米，拌匀。
3 盖上盖，大火煮沸后转小火煮 40 分钟至大米熟软。
4 揭开盖，倒入牛奶，搅拌均匀。
5 倒入洗净的葡萄干和核桃仁，搅拌匀，续煮至粥黏稠。
6 关火，将煮好的粥盛出，装入碗中即可。

上海青鱼肉粥

材料：鲜鲈鱼 50 克、上海青 50 克、水发大米 95 克

调料：盐适量、水淀粉 2 毫升

做法

1 将洗净的上海青切成丝，再切成粒。
2 处理干净的鲈鱼切成片。
3 把鱼片装入碗中，放入少许盐、水淀粉，抓匀，腌渍 10 分钟至入味。
4 锅中注水烧开，倒入水发好的大米，拌匀，盖上盖，用小火煮 30 分钟至大米熟烂。
5 揭盖，倒入鱼片，搅拌匀，再放入切好的上海青，往锅中加入适量盐，用锅勺拌匀调味。
6 盛出煮好的粥，装入碗中即可。

黑芝麻鸡蛋山药粥

材料：水发大米 150 克、山药 100 克、熟鸡蛋 1 个、熟黑芝麻少许

调料：盐 2 克

做法

1 洗净的山药去皮，切成小丁；熟鸡蛋去壳，对半切开。

2 砂锅中注入适量清水，倒入洗净的大米，再倒入山药丁，搅拌匀。

3 盖上盖，大火煮沸后转小火煮约 40 分钟至食材熟软。

4 揭开盖，调入盐，搅拌匀。

5 关火，将煮好的粥盛入碗中，撒上熟黑芝麻，再摆上熟鸡蛋即可。

红豆松仁粥

材料：水发大米 80 克、水发红豆 100 克、松仁 20 克、鱼丸 4 颗

做法

1 炒锅注水烧开，放入鱼丸，煮熟后捞出，待用。

2 砂锅中注入适量清水，倒入水发大米、红豆，搅拌匀，盖上盖，用大火煮开后转小火熬 40 分钟至食材软烂。

3 揭开盖，放入松仁，拌匀，续煮约 5 分钟。

4 关火，将煮好的粥盛入碗中，放入煮熟的鱼丸即可。

南瓜木耳糯米粥

材料： 水发糯米 100 克、水发黑木耳 80 克、南瓜 50 克、葱花少许

调料： 盐 2 克、鸡粉 2 克、食用油少许

做法

1 将洗净去皮的南瓜切片，再切条形，改切成丁。
2 洗净的黑木耳切碎，备用。
3 砂锅中注入适量清水烧开，倒入洗好的糯米，拌煮至沸。
4 放入切好的黑木耳，搅拌匀，盖上盖，烧开后用小火煮约 30 分钟，至食材熟软。
5 揭盖，倒入南瓜丁，快速搅拌匀，再盖好盖，用小火续煮约 15 分钟，至全部食材熟透。
6 取下盖子，加入盐、鸡粉，拌匀调味。
7 淋入少许食用油，转中火拌煮至入味。
8 关火后盛出煮好的糯米粥，装入碗中，撒上葱花即可。

鸡肉虾仁粥

材料： 水发大米 80 克、鸡胸肉 60 克、虾仁 50 克、面粉适量、葱花少许

调料： 盐适量、料酒少许、生抽少许、食用油适量

做法

1 鸡胸肉切大块，装入碗中，加入少许盐、料酒、生抽，拌匀，腌渍 20 分钟。
2 虾仁洗净，去虾线，装入另一个碗中，加入少许料酒、生抽，腌渍 20 分钟。
3 炒锅中注入食用油，烧至六成热，放入裹有面粉的鸡块，炸熟，捞出沥油，待用。
4 锅底留油，倒入虾仁，快速翻炒熟，盛出待用。
5 砂锅中注入适量清水，烧热，放入水发大米，搅拌匀，盖上盖，煮沸后续煮 30 分钟至米粒熟烂。
6 揭盖，将煮好的白米粥盛入碗中，摆放上炸好的鸡块和炒熟的虾仁，再撒上葱花即可。

蓝莓草莓粥

材料：水发粳米 150 克、草莓 30 克、蓝莓 30 克

做法

1 将蓝莓、草莓洗净，沥干水分，待用。
2 砂锅中注入适量清水，倒入泡发好的粳米，拌匀。
3 盖上盖，煮开后转小火续煮 40 分钟至米粒熟软。
4 揭开盖，倒入洗好的蓝莓、草莓，搅拌。
5 关火后将煮好的粥盛出即可。

腊八粥

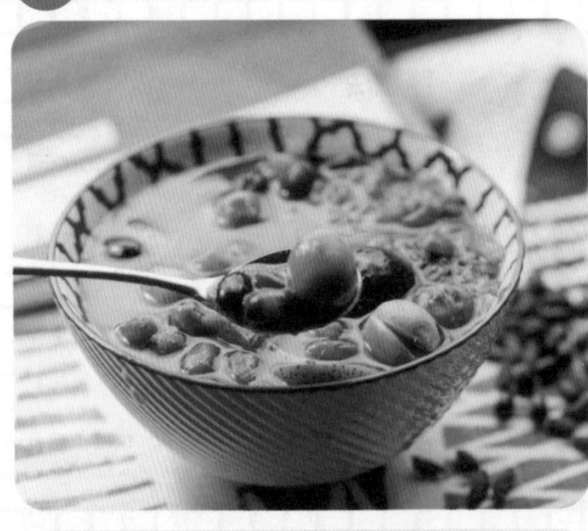

材料：粳米适量、燕麦米适量、黑米适量、红豆适量、花生仁适量、大枣适量、莲子适量、山楂适量、桂圆肉适量

调料：白糖适量

做法

1 将粳米、燕麦米、黑米、红豆、花生仁、大枣、莲子装入碗中，注入适量清水泡发 20 分钟，沥干水分，待用。
2 砂锅中注入适量清水，倒入泡发好的食材，再放入洗净的山楂和桂圆肉，搅拌匀。
3 盖上盖，大火烧开后转小火煮 20 分钟。
4 揭开盖，持续搅拌片刻，再盖上盖，续煮 20 分钟至食材熟软。
5 揭盖，倒入适量白糖，搅拌至白糖完全溶化。
6 关火，将煮好的腊八粥盛出，装入碗中即可。

蔬菜三文鱼粥

材料：三文鱼 120 克、胡萝卜 50 克、芹菜 20 克

调料：盐适量、鸡粉适量、水淀粉 3 克、食用油适量

做法

1 将洗净的芹菜切成粒；去皮洗好的胡萝卜切厚片，切条，改切成粒。
2 将洗好的三文鱼切成片，装入碗中，放入少许盐、鸡粉、水淀粉拌匀，腌渍 15 分钟至入味。
3 砂锅中注入适量清水用大火烧开，倒入水发大米，淋入食用油搅拌匀，加盖，慢火煲 30 分钟至大米熟透。
4 揭盖，倒入切好的胡萝卜粒，再次盖上盖，慢火煮 5 分钟至食材熟烂。
5 揭盖，加入三文鱼、芹菜拌匀煮沸。
6 加入盐、鸡粉拌匀调味即可。

山药小麦粥

材料：水发大米 150 克、水发小麦 65 克、山药 80 克

调料：盐 2 克

做法

1 洗净去皮的山药切片，再切条形，改切成丁，备用。
2 砂锅中注入适量清水烧开，放入洗好的大米、小麦，放入山药，拌匀，盖上盖，烧开后用小火煮约 1 小时。
3 揭开盖，加入盐，拌匀调味。
4 关火后盛出煮好的粥盛入碗中即可。

蓝莓香蕉核桃粥

材料：水发大米 100 克、燕麦片 100 克、蓝莓 30 克、香蕉 30 克、核桃仁 30 克

做法

1 香蕉去皮，果肉切成厚片；蓝莓洗净，沥水；核桃仁掰成小块，待用。
2 砂锅中注入适量清水，倒入泡发好的大米，搅拌匀，盖上盖，煮开后转小火煮 30 分钟至米粒熟软。
3 揭开盖，倒入燕麦片，搅拌均匀，再次盖上盖，续煮 10 分钟至食材熟透。
4 揭盖，倒入香蕉、蓝莓和核桃仁，搅拌片刻。
5 关火，将煮好的粥盛入碗中即可。

南瓜大米粥

材料：水发大米 100 克、南瓜 200 克

做法

1 南瓜去皮，切成丁，待用。
2 砂锅中注入适量清水，倒入洗净的大米，盖上盖，大火烧开后转小火熬 30 分钟。
3 揭盖，倒入南瓜丁，续煮 10 分钟至南瓜熟软。
4 关火，将煮好的粥盛出，装入碗中即可。

荞麦粥

材料：荞麦 100 克、大米 50 克

做法

1 荞麦提前用水浸泡 3 小时以上，大米浸泡 30 分钟。
2 砂锅中注入适量清水，加入荞麦和大米，搅拌匀。
3 盖上盖，煮沸后转小火继续熬约 40 分钟。
4 揭开盖，将煮好的粥搅拌均匀，盛入碗中即可。

杏仁猪肺粥

材料：猪肺 150 克、北杏仁 10 克、水发大米 100 克、姜片少许、葱花少许

调料：盐适量、鸡粉 2 克、芝麻油 2 毫升、料酒 3 毫升、胡椒粉适量

做法

1 将洗净的猪肺切厚片，切条，切成小块，装入碗中，加入适量清水中，加盐，抓洗干净。
2 锅中注水烧开，加入料酒，倒入猪肺，煮 1 分 30 秒。
3 把汆好的猪肺捞出，装入碗中待用。
4 砂锅中注入适量清水烧开，放入洗好的北杏仁。
5 倒入洗好的大米，搅匀，盖上盖，烧开后用小火煮 30 分钟，至大米熟软。
6 揭盖，倒入猪肺，搅匀，放入少许姜片，拌匀，再次盖上盖，用小火续煮 20 分钟，至食材熟透。
7 揭开盖，放入适量鸡粉、盐、胡椒粉，搅匀调味。
8 淋入芝麻油，搅匀，放入少许葱花，搅拌匀，装入碗中即可。

水果粥

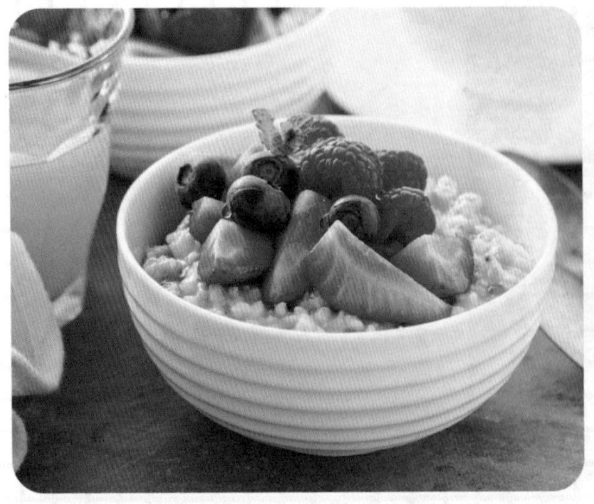

材料：水发大米 100 克、燕麦片 50 克、草莓 50 克、蓝莓 30 克、覆盆子 30 克

做法

1 草莓洗净，切去蒂，再切成小块；蓝莓、覆盆子洗净，沥干水分，待用。

2 砂锅中注入适量清水，倒入泡发好的大米，搅拌匀，盖上盖，煮开后转小火煮 30 分钟至米粒熟软。

3 揭开盖，倒入燕麦片，搅拌均匀，再次盖上盖，续煮 10 分钟至食材熟透。

4 揭盖，搅拌片刻，关火，将煮好的粥盛入碗中，再加入草莓、蓝莓、覆盆子即可。

蓝莓牛奶粥

材料：蓝莓 50 克、水发大米 150 克、牛奶 200 毫升

做法

1 砂锅中注入适量清水，倒入洗净的大米，搅拌匀。

2 盖上盖，煮沸后转小火煮约 30 分钟至大米熟软。

3 揭开盖，放入洗净的蓝莓，倒入备好的牛奶，拌煮至蓝莓变软。

4 关火，将煮好的粥盛出，装入碗中即可。

川贝杏仁粥

材料：水发大米 75 克、杏仁 20 克、川贝母少许

做法

1 砂锅中注入适量清水烧热，倒入备好的杏仁、川贝母。
2 盖上盖，用中火煮约 10 分钟。
3 揭开盖，倒入大米，拌匀。
4 盖上盖，烧开后用小火煮约 30 分钟至食材熟透。
5 揭开盖，搅拌均匀。
6 关火后盛出煮好的粥即可。

松子粥

材料：粳米 180 克、松子 90 克、熟松子少许

调料：盐 4 克

做法

1 粳米淘洗干净，用水浸泡 2 小时。
2 将浸泡好的粳米沥干水分，待用。
3 将粳米放入料理机中，注入适量清水，盖上盖子，搅拌 3 分钟。
4 将料理好的粳米倒入过筛网中，过滤。
5 将松子放入料理机中，注入适量清水，盖上盖子，搅拌 3 分钟。
6 将料理好的松子倒入过筛网中，过滤。
7 热锅倒入粳米水、松子水，大火煮 25 分钟左右，不停地搅动熬煮。
8 煮到黏稠状时，放入盐，搅拌匀。
9 关火，将煮好的粥盛至备好的碗中，摆放上几粒熟松子即可。

PART 10

爽口沙拉

沙拉虾球配面包

材料：火龙果 80 克、虾仁 90 克、熟豌豆 70 克、法式面包 150 克

调料：沙拉酱适量、食用油适量

做法

1 火龙果去皮，切成丁。
2 虾仁去虾线。
3 法式面包切片。
4 热锅注油烧至七成热，放入虾仁，炸至微黄色后捞出，沥干油，待用。
5 备好碗，倒入沙拉酱、虾仁，拌匀。
6 取面包片，放上火龙果、虾仁、熟豌豆即可。

鸡肉沙拉

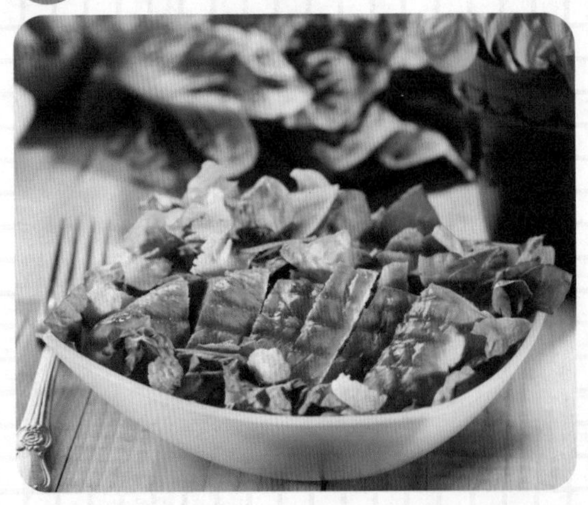

材料：鸡胸肉 200 克、生菜适量

调料：盐 2 克、鸡粉 2 克、胡椒粉 2 克、料酒 5 毫升、生抽 5 毫升、食用油适量

做法

1 鸡胸肉装入碗中，加入盐、鸡粉、料酒、生抽、胡椒粉，腌渍 20 分钟至入味。
2 平底锅中注入适量食用油烧至六成热，放入腌好的鸡肉，煎至两面呈金黄色，煎熟。
3 煎好的鸡肉放凉后切成块。
4 备好一个盘，摆放上洗净的生菜，放上鸡胸肉块即可。

胡萝卜金枪鱼沙拉

材料： 罐装金枪鱼 1 盒、胡萝卜 80 克

调料： 白兰地少许

做法

1 将金枪鱼肉从罐头中取出，装入碗中，倒入白兰地，拌匀调味。

2 胡萝卜去皮，切丝。

3 锅内注水烧开，倒入胡萝卜丝，煮至断生后捞出，沥干水。

4 取一个盘，将胡萝卜摆放在盘中，摆上金枪鱼即可。

水果蔬菜沙拉

材料： 苹果 200 克、圣女果 50 克、芝麻菜叶 50 克、胡萝卜 50 克、紫甘蓝 50 克、熟白芝麻少许

调料： 酸奶 150 毫升

做法

1 圣女果洗净对半切开；芝麻菜叶洗净切大块。

2 胡萝去皮，切丝；紫甘蓝切丝；苹果去核，切块。

3 在罐底倒入酸奶，放入苹果、芝麻菜、圣女果、胡萝卜丝和紫甘蓝，撒上熟白芝麻，吃时摇匀即可。

坚果健康沙拉

材料：虾仁 70 克、巴旦木 40 克、生菜 50 克、紫薯泥 60 克、圣女果 50 克、黄瓜 50 克、牛油果 90 克

做法

1 牛油果去皮取肉切片。
2 虾仁去虾线待用。
3 紫薯泥用模具做成花状。
4 圣女果对半切开。
5 锅内注入适量清水烧开，倒入生菜煮至断生捞出。
6 倒入虾仁煮至变红色，取出待用。
7 取一盘，铺上生菜，放上牛油果、虾仁、紫薯泥、圣女果、黄瓜、巴旦木食材，浇上橄榄油即可。

苹果蔬菜沙拉

材料：苹果 100 克、番茄 150 克、黄瓜 90 克、生菜 50 克、牛奶 30 毫升

调料：沙拉酱 10 克

做法

1 洗净的番茄对半切开，切成片。
2 洗好的黄瓜切成片。
3 洗净的苹果切开，去核，再切成片，备用。
4 将切好的食材装入碗中，倒入牛奶，加入沙拉酱，拌匀。
5 把洗好的生菜叶垫在盘底，装入拌好的果蔬沙拉即可。

蓝莓水果沙拉

材料：菠萝半个、蓝莓少许、红提少许、西瓜果肉少许、草莓少许

调料：酸奶 100 毫升

做法

1 挖出菠萝肉，切成丁，菠萝壳留着待用。
2 西瓜果肉切成丁；红提切块；草莓切块。
3 将菠萝丁、西瓜丁、红提块和草莓块放入菠萝壳中，放上洗净的蓝莓，淋上酸奶即可。

三文鱼沙拉

材料：三文鱼 90 克、芦笋 100 克、熟鸡蛋 1 个、柠檬 80 克

调料：盐适量、黑胡椒粒适量、橄榄油适量、食用油适量

做法

1 洗好的芦笋去皮切段；煮熟的鸡蛋去壳切块；处理好的三文鱼切片。
2 锅中注水烧开，加入适量盐、食用油，倒入芦笋段搅散，煮半分钟。
3 将芦笋捞出，沥干水，放入碗中，再倒入三文鱼，挤入柠檬汁，加入黑胡椒粒，放入少许盐，搅拌均匀。
4 淋入少许橄榄油，拌至食材入味。
5 夹出芦笋，摆入盘中，放入鸡蛋，再放入拌好的三文鱼和剩余的芦笋即可。

圣女果沙拉

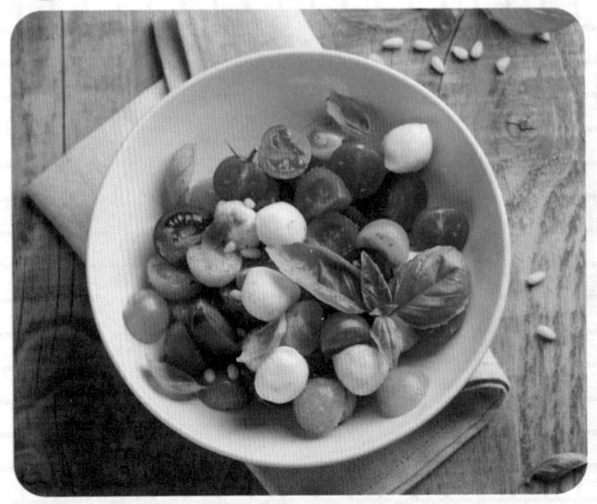

材料：圣女果 120 克、松子仁 30 克

调料：白糖 5 克、薄荷叶少许

做法

1 洗净的圣女果对半切开。
2 取一个盘，倒入圣女果，撒上白糖。
3 撒上松子仁，拌匀
4 点缀上薄荷叶即可。

水果豆腐沙拉

材料：橙子 40 克、日本豆腐 70 克、猕猴桃 30 克、圣女果 25 克

调料：酸奶 30 毫升

做法

1 日本豆腐去除外包装，切成棋子块；去皮洗好的猕猴桃切成片；洗净的圣女果切成片；将橙子切成片。
2 锅中注入适量清水，用大火烧开，放入切好的日本豆腐，煮半分钟至其熟透，捞出，装盘。
3 把切好的水果放在日本豆腐块上，淋上酸奶即可。

通心粉沙拉

材料：通心粉200克、胡萝卜50克、香菜碎少许

调料：沙拉酱40克

做法

1 洗净的胡萝卜去皮，切成丝。
2 锅内注入适量清水煮沸，倒入胡萝卜丝，焯至断生，捞出沥水，待用。
3 锅中再倒入通心粉，盖上盖，煮7分钟至熟软。
4 捞出煮好的通心粉，沥干水，装入碗中。
5 将焯好的胡萝卜丝和通心粉拌匀，挤上沙拉酱拌匀，盛入盘中，撒上香菜碎即可。

土豆沙拉

材料：去皮土豆300克、洋葱100克、青椒少许

调料：沙拉酱30克、食用油适量

做法

1 土豆切块；青椒切圈；洋葱切丝。
2 锅内注入适量清水烧开，倒入土豆块煮至断生。
3 将土豆捞出，沥干水，待用。
4 另起锅，注入适量食用油烧热，倒入洋葱丝，翻炒至熟软，盛出，待用。
5 备好一个碗，倒入土豆块、青椒、洋葱丝，挤上沙拉酱充分拌匀。
6 将拌匀的沙拉盛入盘中即可。

香糯点心

COOKING 野菜煎饼

材料：野菜 90 克、面粉 200 克、酵母 5 克、泡打粉 5 克

调料：盐 3 克、鸡粉 3 克、猪油适量、食用油适量

做法

1 将洗净的野菜切碎，备用。
2 把面粉倒在案板上，开窝，放入酵母、泡打粉，拌匀，倒入少许温水，搅匀，加入盐、鸡粉，一边注入温水，一边刮入周边的面粉，搅拌匀，揉搓成光滑的面团。
3 放入野菜碎，充分搅拌均匀。
4 放入猪油，揉匀，制成菠菜面团。
5 取一块干净的毛巾，覆盖在面团上，静置、发酵 10 分钟。
6 撤去毛巾，在案板上撒上适量面粉，把面团搓成长条形，再切成小段，分成数个小剂子。
7 将小剂子压成圆饼，制成饼坯。
8 烧热炒锅，倒入适量食用油，烧至三四成热，转小火，下入饼坯，转动炒锅，煎出焦香味。
9 待面饼呈焦黄色后翻转饼坯，再煎 3 分钟至两面熟透即可。

COOKING 越式素春卷

材料：香菇 80 克、肉末 130 克、春卷皮 200 克

调料：盐 3 克、鸡粉 3 克、白糖 2 克、料酒 5 毫升、生抽 5 毫升、老抽 5 毫升、水淀粉适量、番茄酱适量、食用油适量

做法

1 洗好的香菇切片，改切成丝。
2 洗好的猪瘦肉切片，改切成末。
3 用油起锅，放入肉末、香菇，炒匀。
4 加入盐、鸡粉、白糖，淋入料酒、生抽、老抽，炒匀。
5 淋入适量水淀粉，翻炒片刻，加入芝麻油，炒匀。
6 盛出锅中食材，待用。
7 取适量炒好的食材，放入春卷皮中。
8 将春卷皮四边向内对折，卷起包裹好，再抹上少许面浆封口，制成春卷生坯。
9 把春卷生坯装入盘中，待用。
10 热锅注油，烧至五成热，放入春卷生坯，炸约 3 分钟至金黄色。
11 捞出炸好的春卷，装入盘中，食用时蘸上番茄酱。

九福松茸饺

材料：猪肉 180 克、松茸 60 克、饺子皮 130 克

调料：盐 3 克、鸡粉 3 克、五香粉 3 克、芝麻油 5 毫升、食用油适量

做法

1 洗净的松茸切碎；猪肉剁碎。
2 备好碗，倒入猪肉、松茸，撒上盐、鸡粉、五香粉，淋入芝麻油、食用油，拌至入味，制成馅料。
3 铺上饺子皮，放上适量的馅料，包成饺子生坯，待用。
4 锅内注水烧开，倒入饺子生坯，煮开后再煮 3 分钟。
5 加盖，用大火续煮 2 分钟，至饺子上浮。
6 揭盖，将煮好的饺子捞出，放入盘中即可。

烧卖

材料：水发糯米 150 克、肉末 100 克、豌豆 20 克、烧卖皮适量

调料：盐 3 克、鸡粉 3 克、胡椒粉 3 克、生抽适量、老抽适量、芝麻油适量、食用油适量

做法

1 水发糯米清洗干净后上笼蒸熟。
2 锅中注油烧热，下入肉末炒至变色，加入盐、鸡粉、生抽、老抽、胡椒粉，翻炒匀。
3 倒入蒸好的糯米翻炒均匀，淋入少许芝麻油，炒香，制成馅料。
4 烧卖皮中放入适量馅料，收紧口呈细腰形，制成烧卖生坯。
5 将洗净的豌豆装饰在烧卖生坯上，放入蒸笼内，大火蒸 8 分钟。
6 关火，将蒸好的烧卖取出即可。

九福抄手

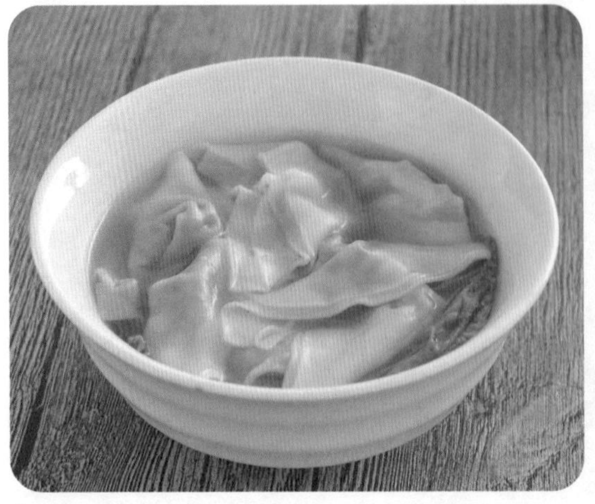

材料：猪肉 180 克、韭菜 90 克、饺子皮 130 克、生菜 50 克

调料：盐 3 克、鸡粉 3 克、五香粉 3 克、芝麻油 5 毫升、食用油适量

做法

1 洗净的韭菜切碎；猪肉切碎。

2 备好碗，倒入猪肉、韭菜，撒上盐、鸡粉、五香粉，淋上芝麻油、食用油，拌至入味，制成馅料。

3 铺上饺子皮，放上适量的馅料，包成抄手生坯，待用。

4 锅内注水烧开，倒入抄手生坯，煮开后再煮 3 分钟。

5 加盖，用大火续煮 2 分钟，至抄手上浮。

6 揭盖，放入洗好的生菜，煮至断生。

7 将煮好的抄手捞出，放入碗中即可。

金沙南瓜饼

材料：熟南瓜 200 克、糯米粉 300 克、豆沙 100 克、面包糠适量

调料：白糖 10 克、食用油适量

做法

1 将熟南瓜捣烂，搅拌成泥，加入白糖，放入糯米粉拌匀，中途按量加糯米粉揉搓，和成粉团。

2 将粉团揉搓成长条，摘成数个大小合适的小剂子，按扁。

3 豆沙揉成条，摘成小块，放入生坯中，收紧包裹严实，按成饼状，制成南瓜饼生坯，盛入铺有面包糠的盘中，均匀地撒上面包糠。

4 锅中倒入适量油，烧至四五成热，放入南瓜饼生坯，炸约 2 分钟至熟。

5 捞出炸好的南瓜饼，按此方法将剩余的南瓜饼炸熟。

6 将炸制好的南瓜饼装入盘中即可。

香蕉酥

材料： 高筋面粉 500 克、低筋面粉 500 克、鸡蛋 2 个、香蕉泥 90 克

调料： 细砂糖 50 克、黄油适量

做法

1 鸡蛋打开，取蛋黄，打散，待用。
2 把高筋面粉和低筋面粉混合，开窝，中间倒入细砂糖、黄油，把细砂糖与黄油初步混合，加入蛋黄液，拌匀。
3 分次加入适量的水，刮入面粉，混合均匀，揉搓成光滑的面团。
4 将面团搓成长条，再分切成小剂子。
5 将小剂子按扁，待用。
6 把香蕉泥分成每小份 30 克，揉成球状，放入面饼中，包裹好，搓成条状，制成生坯。
7 将生坯放入预热好的烤箱，120℃烘烤 25 分钟。
8 将烤好的香蕉酥取出即可。

香芋地瓜丸

材料： 红薯 300 克、香芋 150 克、糯米粉 200 克

调料： 白糖 10 克、食用油适量

做法

1 洗净的红薯去皮，切成块。
2 洗净的香芋去皮，切成块。
3 蒸锅注水烧开，放入食材蒸煮 30 分钟。
4 揭盖，取出食材放凉。
5 将红薯和香芋分别碾成泥，撒上适量白糖，拌匀。
6 红薯泥中放入糯米粉，充分拌匀，再揉搓光滑。
7 揪一小块红薯糯米团，搓成球。
8 捏成中间厚、边缘薄的饼，用勺子挖一小勺香芋泥放入，搓成团子状。
9 热锅注油，烧至七成热，倒入团子，油炸至金黄色。
10 捞出油炸好的团子摆放在盘中即可。

诱人烘焙

菠萝布丁

材料： 牛奶 500 毫升、草粉 10 克、蛋黄 2 个、鸡蛋 3 个、菠萝果肉粒 15 克

调料： 细砂糖 40 克

做法

1 将锅置于火上，倒入牛奶，用小火煮热。
2 加入细砂糖、香草粉，改大火，搅拌匀，关火后放凉。
3 将鸡蛋、蛋黄倒入容器中，用搅拌器拌匀。
4 把放凉的牛奶慢慢地倒入蛋液中，边倒边搅拌。
5 将拌好的材料用筛网筛两次。
6 先倒入量杯中，再倒入牛奶杯，至八分满。
7 将牛奶杯放入烤盘中，倒入适量清水。
8 将烤盘放入烤箱中，调成上火 160℃、下火 160℃，烤 15 分钟至熟。
9 取出烤好的牛奶布丁，放凉。
10 放入菠萝果肉粒装饰即可。

抹茶曲奇饼干

材料： 曲奇预拌粉 350 克、软化的黄油 140 克、鸡蛋 1 个、抹茶粉 6 克

做法

1 将预拌粉、软化的黄油、打发好的鸡蛋依次加入碗中，搅拌均匀。
2 倒入抹茶粉，将材料充分混合均匀。
3 将混合好的面糊放入裱花袋中，在尖端剪开一个小口。
4 在铺有油纸的烤盘中，挤成表面纹路清晰的黄油曲奇。
5 将烤盘放入预热好的烤箱，上、下火 160℃，烤 25 分钟。
6 取出烤好的曲奇即可。

奶油泡芙

材料：奶油 60 克、高筋面粉 60 克、鸡蛋 2 个、牛奶 60 毫升

做法

1 锅置火上，烧热，倒入适量清水，注入牛奶。
2 放入奶油，搅拌匀，用中小火煮 1 分钟，至奶油溶化。
3 关火后倒入高筋面粉，搅拌均匀。
4 分次打入鸡蛋，快速搅拌一会儿，至材料呈浓稠状，即成泡芙浆。
5 取一个裱花袋，装入泡芙浆，剪开袋底，待用。
6 在烤盘上平铺一张锡纸，均匀地挤入泡芙浆，呈宝塔状，制成泡芙生坯。
7 烤箱预热，放入烤盘，关好烤箱门，以上火 175℃、下火 180℃的温度，烤 20 分钟，至生坯熟透。
8 断电后取出烤好的泡芙，待稍微冷却后即可食用。

巧克力小蛋糕

材料：低筋面粉 100 克、鸡蛋 100 克、可可粉 10 克、泡打粉 5 克、树莓适量、奶油适量

调料：细砂糖 100 克、色拉油 10 毫升

做法

1 鸡蛋和细砂糖倒入备好的容器中，搅拌均匀。
2 加入低筋面粉、可可粉、泡打粉，继续搅拌。
3 分次边倒入色拉油、搅拌均匀，待用。
4 将拌好的材料装入裱花袋中，压匀，在尖端部位剪去约 1 厘米。
5 模具杯放入烤盘，将裱花袋中的材料依次挤入模具杯中，约六分满即可。
6 打开烤箱，将烤盘放入烤箱中。
7 关上烤箱门，以上火 180℃、下火 160℃烤 20 分钟至熟。
8 将烤好的蛋糕取出，挤上适量的奶油，放上树莓即可。

鸡蛋牛奶布丁

材料：牛奶 50 毫升、蛋黄 50 克、吉利丁 4 片

调料：细砂糖 80 克

做法

1 将吉利丁片放入装有凉水的容器中浸泡片刻。
2 奶锅置于灶上，倒入水、牛奶，开小火加热。
3 倒入细砂糖，匀速搅拌使砂糖溶化。
4 将泡软的吉利丁片捞出，沥干水分，放入奶锅中，搅拌均匀。
5 关火，加入备好的蛋黄，搅散搅匀。
6 将煮好的材料倒入模具当中，凉凉片刻。
7 放入冰箱冷藏 1 小时使其完全凝固。
8 待 1 小时后，将布丁拿出即可食用。

蛋挞

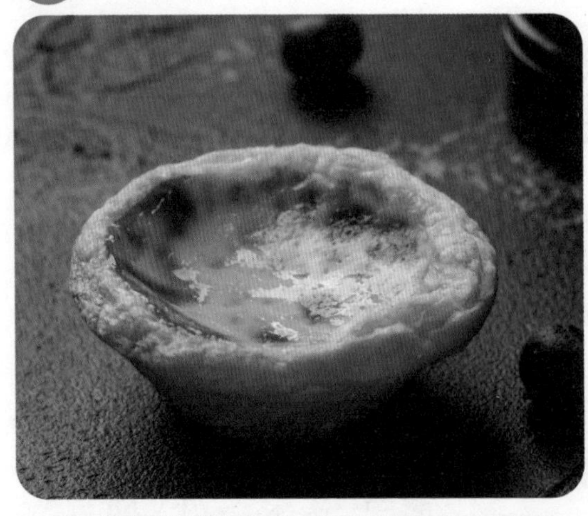

材料：鲜牛奶 100 克、蛋黄 30 克、炼奶 5 克、吉士粉 3 克、蛋挞皮适量、鲜奶油适量

调料：细砂糖 5 克

做法

1 奶锅置于火上，倒入鲜牛奶，加入细砂糖。
2 开小火，加热至白糖全部溶化，搅拌均匀。
3 倒入鲜奶油，煮至溶化。
4 加入炼奶，拌匀，倒入吉士粉，拌匀。
5 倒入蛋黄，拌匀，关火待用。
6 用过滤网将蛋奶液过滤一次，再倒入容器中。
7 用过滤网将蛋奶液再过滤一次。
8 准备好蛋挞皮，把过滤好的材料倒入蛋挞皮，约八分满即可，放入烤盘中。
9 将烤盘放入预热好的烤箱中。
10 以上火 150℃、下火 160℃烤 10 分钟至熟。
11 取出烤好的蛋挞，装入盘中即可。

玛芬蛋糕

**材料：**糖粉 160 克、鸡蛋 220 克、低筋面粉 270 克、牛奶 80 毫升、泡打粉 2 克

调料：盐 5 克、黄油 20 克

做法

1 将鸡蛋、糖粉、盐倒入大碗中，用电动搅拌器搅拌均匀。
2 倒入溶化的黄油，搅拌均匀。
3 将低筋面粉过筛至大碗中。
4 把泡打粉过筛至大碗中，用电动搅拌器搅拌均匀。
5 倒入牛奶，不停搅拌，制成面糊，待用。
6 将面糊倒入裱花袋中。
7 在裱花袋尖端部位剪开一个小口。
8 把蛋糕纸杯放入烤盘中，挤入适量面糊，至七分满。
9 将烤盘放入烤箱中，以上火 190℃、下火 170℃烤 20 分钟至熟。
10 从烤箱中取出烤好的玛芬蛋糕即可。

迷你甜甜圈

材料：高筋面粉 250 克、酵母 3 克、奶粉 35 克、蛋黄 25 克、糖粉适量

调料：细砂糖 50 克、食用油适量

做法

1 将高筋面粉、酵母、奶粉倒在面板上，用刮板拌匀铺开。
2 倒入细砂糖、蛋黄，拌匀。
3 加入适量纯净水，搅拌均匀，揉搓成光滑的面团。
4 用擀面棍把面团擀薄。
5 取出备好的模具，用模具进行压制，制成数个甜甜圈生坯。
6 将生坯放入盘中，静置发酵至 2 倍大。
7 锅中注油烧热，放入甜甜圈生坯，小火炸至两面金黄。
8 捞出炸好的甜甜圈，装盘待用。
9 取筛网，将糖粉筛在甜甜圈上，稍微放凉后即可食用。

PART 13

新鲜蔬果汁

西瓜汁

材料：西瓜 400 克

做法

1 洗净去皮的西瓜切小块。
2 取一少部分西瓜果肉装入杯中，待用。
3 取榨汁机，选择搅拌刀座组合，放入剩下的西瓜果肉，加入少许纯净水，盖上盖，选择“榨汁”功能，榨取西瓜汁。
4 把榨好的西瓜汁倒入装有西瓜果肉的杯中即可。

苹果汁

材料：苹果 90 克

做法

1 将洗净的苹果削去果皮，切开果肉，去除果核，将果肉切瓣，再切成丁，备用。
2 取榨汁机，选择搅拌刀座组合，倒入苹果丁，注入少许纯净水，盖上盖，选择“榨汁”功能，榨取苹果汁。
3 断电后倒出苹果汁，装入杯中即可。

猕猴桃蜂蜜汁

材料：猕猴桃 30 克、蜂蜜适量

做法

1 猕猴桃切开，挖出果肉。
2 将处理好的猕猴桃放入榨汁机内榨成汁。
3 将榨好的果汁倒入杯中，淋入蜂蜜，拌匀即可。

菠萝荔枝饮

材料：荔枝 4 颗、菠萝适量

调料：白糖少许、盐适量

做法

1 荔枝去壳去核，洗净。
2 菠萝去皮，用盐水浸泡后洗净，与荔枝同入榨汁机，加少许纯净水榨成汁。
3 将搅打好的汁倒入杯中，加入少许白糖，搅拌匀即可。

番茄汁

材料：番茄 130 克

做法

1 将番茄洗净，顶部切上十字花刀，放入沸水锅中烫一会儿，捞出，去皮，切块备用。
2 将切好的番茄放入榨汁机中，加入少许纯净水，榨成汁。
3 将榨好的果汁倒入杯中即可。

雪梨柑橘蜂蜜饮

材料：雪梨 1 个、柑橘 1 个、蜂蜜适量

做法

1 雪梨去皮，洗净切块。
2 柑橘去皮，洗净，与雪梨一同入榨汁机中，加少许纯净水，榨成汁。
3 将榨好的果汁倒入杯中，加入蜂蜜拌匀即可。

莴笋哈蜜瓜汁

材料：莴笋适量、哈密瓜适量

调料：白糖适量

做法

1 莴笋去皮，切块，洗净。

2 哈密瓜去皮，切块，洗净，与莴笋一同放入榨汁机中，加少许纯净水榨成汁。

3 将搅打好的蔬果汁倒入杯中，加白糖，搅拌匀即可。

胡萝卜蜂蜜雪梨汁

材料：胡萝卜 30 克、雪梨 20 克、蜂蜜适量

做法

1 胡萝卜洗净，去皮，切成段。

2 雪梨洗净，去皮去核，切成片。

3 将材料放入榨汁机中，倒入适量纯净水，榨成汁。

4 将榨好的蔬果汁倒入杯中，淋入蜂蜜，搅拌均匀即可。

葡萄梨子汁

材料：芹菜 30 克、葡萄 50 克、梨 1 个

做法

1 芹菜洗净，切段。
2 葡萄洗净，去皮，去籽。
3 梨洗净，去皮，切块。
4 将材料放入榨汁机中，加入适量纯净水榨成汁，调匀即可。

苦瓜黄瓜汁

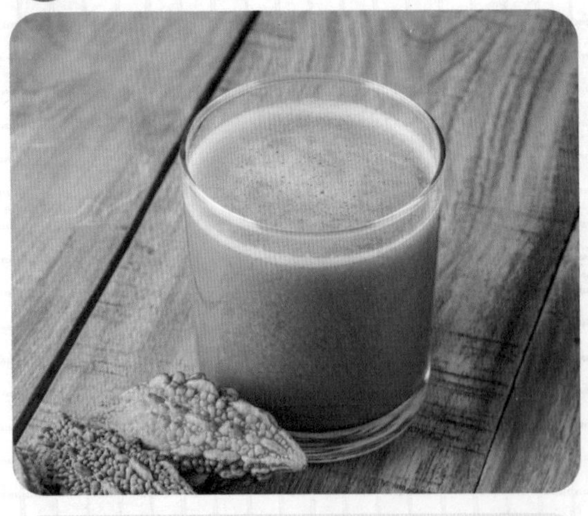

材料：苦瓜 30 克、芹菜 30 克、黄瓜 20 克

做法

1 苦瓜洗净，去籽，切成块。
2 芹菜洗净，切段。
3 黄瓜洗净，去皮，切块。
4 将所有材料放入榨汁机中，加入适量纯净水，启动榨汁机榨成汁，倒入杯中即可。

荔枝柠檬饮

材料：荔枝 5 颗、柠檬 1 个

调料：白糖少许

做法

1 荔枝去壳去核，洗净。
2 柠檬切片，洗净。
3 将荔枝和柠檬片一同放入榨汁机中，加入适量纯净水，榨成汁。
4 将搅打好的果汁倒入杯中，加入少许白糖，拌匀即可。

芹菜杨桃汁

材料：芹菜 20 克、杨桃 50 克、葡萄 50 克

做法

1 芹菜洗净，切成小段，备用。
2 杨桃洗净，切成小块。
3 葡萄洗净后对半切开，去籽。
4 将所有材料倒入榨汁机内，加入适量纯净水，榨成汁即可。

芦笋鲜奶汁

材料： 芦笋 50 克、鲜奶 100 毫升

做法

1 芦笋洗净，切小段，放入榨汁机中，加入少许纯净水，榨成汁。
2 将榨好的芦笋汁倒入杯中，加入鲜奶，拌匀即可。

柑橘蜂蜜汁

材料： 香蕉 100 克、柑橘 50 克、蜂蜜适量

做法

1 香蕉去皮，取果肉，切成小块，装入盘中。
2 柑橘剥去皮，掰成小瓣。
3 榨汁机中倒入适量纯净水，将材料一同放入榨汁机中榨成汁。
4 将榨好的果汁倒入杯中，加适量蜂蜜，搅拌匀即可。

猕猴桃香蕉汁

材料：猕猴桃 30 克、香蕉 1 根、蜂蜜适量

做法

1 猕猴桃洗净，去皮，切成片。
2 香蕉去皮，切成段。
3 将两种材料放入榨汁机中榨成汁。
4 将榨好的果汁倒入杯中，淋入蜂蜜，搅拌均匀即可。

柠檬芹菜汁

材料：柠檬 20 克、芹菜 20 克、莴笋 30 克

做法

1 柠檬洗净去皮，切块。
2 芹菜洗净，切段。
3 莴笋去皮，洗净，切块。
4 将材料放入榨汁机中，加入适量纯净水，启动榨汁机榨取蔬果汁。
5 将榨好的蔬果汁倒入杯中即可。

胡萝卜芹菜汁

材料：芹菜 30 克、胡萝卜 20 克、柑橘 30 克

做法

1 芹菜洗净，切段。
2 胡萝卜洗净，去皮，切小块。
3 柑橘去皮，掰成瓣。
4 将以上材料放入榨汁机中，加入适量纯净水，搅打成汁，倒入杯中，搅匀即可。

苹果蜂蜜汁

材料：包菜 30 克、苹果 50 克、蜂蜜少许

做法

1 包菜洗净，撕成大块。
2 苹果去皮，切丁。
3 将以上材料放入榨汁机中，加入适量冷开水搅打成汁，倒入杯中，最后加入蜂蜜，调匀即可。

葡萄桑葚蓝莓汁

材料：葡萄30克、桑葚20克、蓝莓20克、牛奶少许

做法

1 葡萄洗净，对半切开，去籽。
2 桑葚洗净；蓝莓洗净。
3 将材料放入榨汁机中，加入少许纯净水搅打成汁。
4 将榨好的果汁倒入杯中，加入牛奶，拌匀即可。

芹菜西蓝花汁

材料：芹菜20 克、西蓝花30 克、莴笋20克、牛奶少许

做法

1 芹菜洗净，切段。
2 西蓝花洗净，切小朵。
3 莴笋去皮洗净，切块。
4 将材料放入榨汁机中，加入适量纯净水搅打成汁。
5 将榨好的蔬菜汁倒入杯中，加入牛奶，调匀即可。

西瓜蜂蜜汁

材料：西瓜 50 克、柠檬 20 克、蜂蜜少许

做法

1 将西瓜去皮去籽，切小块。
2 柠檬洗净后切薄片。
3 将材料放入榨汁机中，加入适量纯净水榨成汁。
4 将榨好的果汁倒入杯中，加少许蜂蜜拌匀即可。

柠檬香蕉汁

材料：香蕉 100 克、柠檬半个、莴笋 50 克、蜂蜜适量

做法

1 香蕉去皮取肉，切成小块装入盘中。
2 柠檬去皮切成薄片。
3 莴笋去皮，切成小块，入沸水锅中焯熟。
4 榨汁机中倒入适量纯净水，将材料一同放入榨汁机中榨成汁。
5 将榨好的果汁倒入杯中，淋入蜂蜜，拌匀即可。

西蓝花菠菜汁

材料：西蓝花 100 克、菠菜 100 克、蜂蜜适量

做法

1 西蓝花洗净，切成小片。
2 菠菜洗净，去掉根须，切成小段。
3 将西蓝花和菠菜倒入榨汁机中，加少许纯净水榨成汁。
4 将榨好的蔬菜汁倒入杯中，淋入蜂蜜搅拌匀即可。

香蕉蜜瓜饮

材料：香蕉 1 根、荔枝 4 颗、哈密瓜适量

做法

1 香蕉去皮，切段。
2 荔枝去壳去核，洗净。
3 哈密瓜去皮去籽，切块洗净。
4 将食材一同放入榨汁机中，加入少许纯净水榨成汁。
5 将搅打好的果汁倒入杯中即可。

玉米汁

材料：玉米粒 200 克、蜂蜜适量

做法

1 玉米粒用清水淘洗干净，然后倒入榨汁机，加入少许纯净水榨成汁。
2 将搅打好的玉米汁倒入杯中，淋入适量蜂蜜拌匀即可。

胡萝卜汁

材料：胡萝卜 30 克、蜂蜜适量

做法

1 胡萝卜洗净，去皮，切成段。
2 将切好的胡萝卜放入榨汁机中，榨成汁。
3 将榨好的胡萝卜汁倒入杯中，淋入蜂蜜，搅拌均匀即可。

芒果姜汁

材料： 芒果肉 200 克、姜丝 10 克、蜂蜜适量

做法

1 将芒果肉切成小块，待用。
2 取榨汁机，放入芒果块、姜丝、蜂蜜，再倒入适量纯净水。
3 启动榨汁机，榨成芒果姜汁即可。

草莓柠檬气泡水

材料： 草莓 5 颗、黄柠檬半个、青柠檬 1 个、气泡水 1 瓶

做法

1 草莓洗净，去蒂，对半切开。
2 柠檬洗净，切对半，再切成片。
3 取一干净的杯子，放入切好的草莓和柠檬片，再倒入气泡水，搅拌均匀即可。

柠檬蜂蜜绿茶

材料：柠檬半个、绿茶叶 10 克、蜂蜜适量

做法

1 柠檬洗净切成薄片，待用。
2 将绿茶叶放入茶壶隔网中，注入 90℃的开水冲泡 5 分钟。
3 待茶水泡好后，倒入玻璃杯中，放入柠檬片，加入蜂蜜拌匀即可。

南瓜汁

材料：南瓜 200 克

调料：白糖 10 克

做法

1 南瓜洗净去皮，切成块，待用。
2 将南瓜块、白糖放入榨汁机中，加入适量纯净水，榨成汁。
3 将榨好的南瓜汁倒入杯中即可。